Zhongchulai De Xiangqi

种出来的香气

吴河娜★著　盛　辉★译

吉林科学技术出版社

图书在版编目（CIP）数据

种出来的香气 /（韩）吴河娜著；盛辉译. —长春：吉林科学技术出版社，2014.5
ISBN 978-7-5384-5800-8

Ⅰ.① 种… Ⅱ.① 吴… ② 盛… Ⅲ.① 香料植物－栽培技术
Ⅳ.① S573

中国版本图书馆CIP数据核字（2014）第089600号

퀘럼이랑 집에서 쉽게 허브 키우기 © 2013 by OH. HA-NA

All rights reserved.

Translation rights arranged by SeoKyo Publishing Company
through Shinwon Agency Co., Korea

Simplified Chinese Translation Copyright © 2014 by Jilin Science & Technology
Publishing House

吉林省版权局著作合同登记号：

版权登记号：07-2013-4267

种 出 来 的 香 气

著　　　吴河娜
译　　　盛　辉
出 版 人　李　梁
责任编辑　张胜利
封面设计　长春美印图文设计有限公司
制　　版　长春美印图文设计有限公司
开　　本　710mm×1000mm　1/16
字　　数　330千字
印　　张　15.5
印　　数　1-5000册
版　　次　2014年9月第1版
印　　次　2014年9月第1次印刷

出　　版　吉林科学技术出版社
发　　行　吉林科学技术出版社
地　　址　长春市人民大街4646号
邮　　编　130021
发行部电话 / 传真　0431-85677817　85635177　85651759
　　　　　　　　　　85651628　85600311　85670016
储运部电话　0431-84612872
编辑部电话　0431-86037576
网　　址　www.jlstp.net
印　　刷　沈阳天择彩色广告印刷股份有限公司

书　　号　ISBN 978-7-5384-5800-8
定　　价　38.00元
如有印装质量问题可寄出版社调换
版权所有　翻印必究

阅读本书的方法

本书为了便于初学者学习，在每种香草的第一页都对此品种的基本信息进行了归纳和说明。以朗姆的经验来看，只有先掌握了目标香草的基本信息，才能保证能够简单地进行培植。读者朋友可以按照下面的方法进行解读：

◆难易度：★★☆☆☆

对于初学者来说，建议从栽培难易度低的香草开始。此处标识的难易度会因人而异。1～2颗星星为难易度低，3颗星星为难易度中，4颗星星为难易度高。

◆别称：旱金莲（旱荷）

为了不与其他香草混淆，一起标识出别的名称。

◆原产地：南美热带地区

香草根据不同的产地其特性也会不同。因此对于原产地需要单独标识。

1.日照量：向阳地

主要标记香草所需要的日照量。大部分香草都适合生长在向阳地。如果购入的小苗标牌上标有"在半阴地也能生长"的字样，说明在半阳地也能生长。

5.冬季管理：冬季需在室内种植

主要标识冬季时是可以战胜严寒的品种，还是需要移到室内种植的品种。当然每个地区的温度不一样，因此会存在一定的差异。在温暖的济州岛，即使是不耐寒的香草也能在外面过冬。如果标有"根部可以御寒"的字样，此类品种即使冬季的时候茎都凋零了，春天的时候也会生出新芽。

◆门类：金莲花科1年生

相似门类的品种会有很多共同点，因此标明具体的门类会更为便利。主要标识是多年生还是1年生。

2.浇水量：适量关爱

需要旱养的品种会标识"少关爱"的字样，需要浇少量水的品种会标识"适量关爱"的字样，需要稍微潮湿一些的环境的品种会标识"稍微多一些关爱"的字样。浇水量会根据环境的不同略有差异。

3.种子大小：豌豆粒大小

根据种子的大小，播种的方法也会有所区别，因此标识了种子大小。豆粒大小的种子属于大种子，芝麻大小的种子属于中等大小的种子。

4.播种时间：3月末～5月上旬，8月末～初秋

推荐的播种时间会根据栽培环境的不同而有所差异。家里比较暖和的话在大冬天也能种植。

7.推荐花盆尺寸：推荐使用高度为15厘米以上的宽口花盆

推荐花盆的尺寸会根据土壤状态和底肥的不同而有所不同。最好使用比推荐尺寸稍大一些的花盆，但如果受空间所限的话也只能选择小号的花盆。一般市场上销售的花盆尺寸越深也就越大，虽然深但却是窄花盆的话，最好使用比推荐的尺寸再深一点儿的花盆。

6.病虫害：夏季易生潜蝇姬小蜂

主要记录病虫害的程度。标有"易生虫"字样的香草说明是属于易受虫灾的品种，需要提前预防，或者是在秋季栽培；标有"可能生虫"字样，说明只要好好管理就能预防病虫害的出现；标有"对病虫害有强大的抵御力"字样，则说明属于不容易发生病虫害或即使发生了也能自己战胜的品种。

TIP：无法放入过程照片中的补充说明会附加在后面。

效能及应用：相关香草的效能和应用是很重要的。在介绍效能的同时，还介绍了应用方法。

02

旱金莲

很多朋友都很好奇，我是从哪里获得这么多关于香草的知识的，因为现在有关香草的相关材料和信息都处于极度匮乏的状态。对于这个问题，我一般都会说："这些都是根据经验和学习得来的"。

其实，所谓培植植物的技巧都是出于对植物栽培的关心经过长期的实践而得来的。就我的情况而言，当看到香草打蔫时会想尽办法挽救它们，在救活之后，以之前使用的方法为经验，努力不再出现相同的失误。而且我深知，掌握香草的基本特性，才是正确栽培香草的捷径。在室内种植的香草要经常开窗，让更多的阳光照射进来，如果是双层窗户的话，需要拆下一层来。诚如"反客为主"这个成语所说的那样，我们需要的窗户不是以人为主，而是要以香草为主。

在认识我的人以及阅读本书的朋友们中，一定有很多人会认为"朗姆家的环境应该很适合香草生长的"。实则不然，我所生活的地方其实又窄又偏，因此不能大量种植香草，而且夏天的时候光照还严重不足。为了克服这些困难，我将花盆放在了户外，但空间还是严重不足，而且还总是会担心有人偷走我的花盆——当然这种情况从来没有发生过。按照季节环境的不同和香草的特性，需要将栽有香草的花盆多次移动位置。正是因为我对它们付出了全部的关爱，才使得它们能健康成长。

初次种植香草的许多朋友在刚开始的时候肯定会养死几次植物的，此时是认为"看来我不适合养植物"而放弃还是选择再次挑战，在这个岔路口上，选择不放弃、反复挑战的人，最终都会成功的。

其实我从小就喜欢植物。在学校图书馆看到有关植物和动物方面的书籍都会深深地"陷"进去无法自拔。至今我还清晰地记得，小时候由于零用钱不多而不得不到处采集牵牛花、向日葵花、紫茉莉、凤仙花的种子，然后种到老家的花坛里的事情。

但是，毕业后我独自来到首尔开始独立生活的时候，基本就已经没有想要栽培我最钟爱的植物的想法了。"公司的事情和生活琐事这么多，哪来的时间养植物啊"，再加上狭窄的空间和为工作所困，更觉得养植物是种奢侈了。不过现在想想，这些都只是借口而已。

我究竟是从什么时候开始种植香草的呢？应该是从我搬到新的地方后及开始经营博客之前吧。不知为何，就是想在自己的安乐窝里种点植物，尤其是想种点香草，就这样开始了种植香草的生活，而且每天都会将种植的故事上传到自己的博客上。我的博客就像是香草的双胞胎兄弟一样共同成长，而且成为了记录香草的最好的日记。由于有可以一起交流经验并相互鼓励的博友们的存在，让我更加看到了种植香草的乐趣，而且我还认为可以在短时间内增长相关的技术窍门。现在，在众多博友的影响下，我还开始挑战蔬菜和花草的种植。

本书内容都很易懂，因此对于那些对香草一点都不了解的朋友们来说，也可以通过这一本书解决所有的问题。本书适用于初级及中级，甚或中级以上的"香草"朋友们阅读。希望通过对本书的阅读，可以让认为种植香草很难的朋友们也能充满自信地进行种植，同时也希望大家能够在家里营造出一个充满香草香的花坛。

——愿所有人的家中都能充满香草香的朗姆

Contents

 Part 1 种植香草之前需要了解的17件事情

Part 2 轻松培植香草

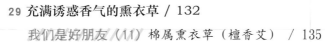

9

Part 3 香草的活用

Part 1

种植香草之前需要
了解的17件事情

01 我养的香草为什么这么容易死

经常有朋友会和我说，"我每次养香草的时候都会把它们养死，""我已经很尽心尽力了，可香草还是死掉了，养香草可真难啊！"。这些朋友应该摸着自己的良心再好好想想，是否将需要更加上心的某些事情想得过于简单，是否对于自己种植的香草进行过具体的调查了解呢。不仅是种植香草，对于种植所有的植物来说都有需要花费心思的地方。在种植植物的时候，总是会将其养死的朋友一定是没有严格遵守基本事项。

朗姆的提问

① 您在种植植物的时候，是否将它们随便放在室内的任何地方？

② 别说开窗了，是否反而会将窗户关得紧紧的？

③ 是否相信不分盆，就可以长得很好？

④ 是否因为觉得经常浇水会长得更好而每天都在浇水？亦或是觉得放任不管会长得更好而干脆不浇水？

⑤ 是否在看到凋零的叶子时会认为"啊，又死掉了！"，同时将烂掉的部分扔掉？

⑥ 是否按时给土壤添加营养剂？

⑦ 是否在寒冷的冬季，不顾植物的特性而将不耐寒的植物放置在户外？

如果您的想法与上面的7个问题有大部分是一致的，那么"好吧！您的确做了可以杀死植物的事情！"。植物其实是非常细腻的存在，就像是如果你不能用心照顾自己的另一半，那么对方就会忧郁一样，如果不能全心全意去照顾植物，将其随意放置在没有光照的室内任意一个角落，那么它们就会很容易凋零，很容易染病。

请大家仔细阅读上面朗姆所提出的7个问题，并按照相反的意思去做即可。不要随意放置，而是将其挪到可以照进阳光的地方；敞开窗户；买回花苗后需要及时换盆；不要每天都浇水，而是等到土壤干涸的时候再浇。

想要遵守上面的7个问题需要怎么做呢？接下来，朗姆不仅会用香草，还会用其他的植物一起作为参考来向大家介绍如何去做。

14

02 我家的空间小，不能养香草吗

哎！好像已经能听到许多朋友充满忧虑的声音了。看来有许多像朗姆一样不能满足于只种一两种香草的朋友啊。

朗姆家生长着许多种香草。一定有朋友认为"朗姆一定生活在大空间的房子里"吧？可千万别这样想，其实朗姆家的面积对于种植植物来说是严重不足的。那么这段期间朗姆是如何种植香草的呢？

1）如果是室内的话，需要从确认自己的家什么季节的阳光会最好

朗姆的家是朝阳的！虽然从晚春到盛夏阳光会很少，但从秋天到初春光照会非常好。

因此我一般会早早地将种子种下，待秋天到来时，会将一年生的蔬菜香草放到窗边种植。

大家的房子根据窗户的位置、周围的环境及不同的季节光照量也会不同。不是只有窗户的位置最重要，树木、对面建筑物等周边环境也会对植物产生很大的影响，即便是窗户在阴面也会有阳光照进来

的时候，尽量将它们放在用肉眼可以看见光照的"向阳面"进行种植。一些地方有时是向阳面，有时是半阴面的话，即是我们所谓的"半阳面"，可根据不同的时间段移动香草，如果大家能够事先确认自己家什么季节的光照最好，我想会在大家种植植物的时候提供很大的帮助。

2）为了放置花盆，大家可以使用隔板

朗姆家的窗台虽然可以放置植物，但是却不能放置很多，因此我使用了隔板。如果将花盆都放在窗台地下种植，光照是不能照到那里的，因此使用隔板可以提升高度。如果购买2～4层的隔板会种植更多的植物。对了！双层窗户的光照效果会不如单层窗户。朗姆将自己家的双层窗户果断地卸掉一层，纱窗也是一样。

3）虽然室内空间不大，但是可以利用户外的空间

朗姆会在家里室内光照量不足的晚春到盛夏，将需要光照的香草放置到室外进行种植。即使光照量还是不足，但也会比在室内强。像天竺葵、细香葱，我会放在窗边种植。为了将狭小的空间最大化，我一般会在大花盆上再摞上小花盆。繁殖力旺盛的香草我一般会放在塑料泡沫箱中种植，这种箱子非常适合在上方叠加小花盆。

4）挂在窗口种植

在朗姆家的窗口挂着一个装有花盆的篮子。在隔板不能放下全部花盆的时候，这种方法会是很实用的。不用篮子，直接用可以吊起来的花盆也是可以的。也可以在阳台的栏杆外面安装上架子。

5）与宽口花盆相比，深花盆更好

由于香草会长得非常繁茂，因此是不能用小花盆进行种植的。然而用宽口花盆又会造成空间不足的烦恼。朗姆非常喜欢使用不是很宽，但比较深的花盆。因此朗姆经常会使用一些既窄又深的塑料瓶。

6）如果空间严重不足的话，最好种植一年生香草

如果空间不足的话，一年生香草会比多年生香草更加节省空间，这是个不争的事实！

由于一年生香草会很快长大，而

且到时候就会凋零，因此不需要担心花盆的尺寸会不足。

而且，一年生香草的发芽率很高，非常适合性格急躁的朋友们。

03 朗姆是因为这些原因才养香草的

虽然植物的种类有很多，但是朗姆却偏偏独爱香草！这应该是由于香草具有独特的魅力才使我深陷其中吧！

1）昂贵的香草！自己培植会很划算

其实朗姆不仅养过香草，还曾经养过蔬菜。朗姆曾经满怀期待地养过小萝卜和小白萝卜来做泡菜，但是当看到超市中销售的小萝卜和小白萝卜的价格后非常地失望。超市销售的这两种蔬菜不仅比朗姆养的更大，而且价格上也会更加低廉！种植过蔬菜的朋友会发现，种植的费用会比买的费用要高很多是吧？然而香草的情况却不同，不仅大部分的品种都价格昂贵，而且还很难购买到，因此一般会收到更高的收益。如果在家种植超市中以较高价格出售的紫苏叶，从晚春一直能收获到秋季，那样我们就可以真切地感受到其中的收益有多大了吧？

2）并不是所有的香草都很难种植，有选择的养会更有趣味

很多朋友都认为香草是非常难养的植物。真的是这样吗？香草的种类有很多，令人意外的是其实有很多种香草是很容易种植的。像天竺葵、鼠尾草等品种就很容易种植，即使光照不足也能茁壮成长。甘菊、紫苏等品种的成长速度非常快。苏子叶和韭菜既是蔬菜，同时也属于香草。香草可以活用到很多方面，因此有选择的种植会更有趣味！如果能稍微上点心的话，原本具有挑战性的香草也会变得简单！可以简单种植的香草会变得更多！千万别忘了哦！

3）充分地陷入香草的香味之中吧

一提到香草，我们首先想到的会是它那浓郁的香气吧。而且，它的味道也有很多种，柠檬香、菠萝香、西瓜香等。选择自己喜欢的香草种类进行种植不仅会给生活带来活力，而且还可以通过与香草的"交流"来治愈受伤的心灵。那么香草就只有味道吸引我们？其实它的外表也是很美的，很适合观赏用，而且还具有有利于身体的药效，因此可谓是具有一举两得的效果。

4）收获一次就结束了吗？当然不是，香草可以持续收获

蔬菜一般种一次收一次。而大部分的香草都是多年生，因此今年收获完成后明年还是可以继续收获的。也就是说种植之后，除了冬季之外是可以一直收获的。不需要连续种植，也不需要重新购买，因此会省下相当一部分的费用。只有这些吗？与蔬菜需要种很多棵才能使用的特性不同，即使很小量的香草也能使用，因此只需要种一棵就够了。

5）很意外香草竟然有很强的抵御病虫害的能力！与蔬菜相比，更不易染上病虫害

很多人认为香草难养的理由是它对环境要求比较高，通风、光照不好的地方不适合香草的种植！其实如果在户外种植香草会更不容易染上病虫害。除了极小一部分香草外，朗姆基本没有受到过蚜虫的困扰。将香草放在窗台上，或者放在阳台进行种植会接受到更多的光照，而且一定要经常开窗。

6）发出的新芽更惹人喜爱

香草发芽率低的种类很多，看到新芽时的喜悦相比蔬菜要更大。因此，虽然直接种小苗会更为容易，但如果能从种子开始种的话会更有乐趣。但对于那些性格急躁的朋友来说，等待会让他们感到很痛苦，因此对于不同性格的人来说，发芽率低既是优点也是缺点。其实并不是所有香草的发芽率都低，所以千万不要灰心，像甘菊、紫苏、香薄荷、雪维菜、细香葱、小茴香、茴香等品种的发芽率都是很高的！

18

7）香草对于我来说已经成为了非常重要的"家人"

朗姆的家乡是济州岛！每当秋季到来的时候那种思乡之情简直无法用语言来表达。但自从开始种植香草以后，不仅不再感到孤独，反而会感到很安心。与多肉植物和观叶植物相比，朗姆更加喜欢香草的原因正是由于能够看到他们茁壮成长的样子。看到它们每天根据我的关心程度不同而呈现出不同的状态，不知为何感觉就像是在养育子女一样。而且与每年都需要重新种植的蔬菜不同，一个品种的香草种植一次即可，因此会感觉更像家人。对于独自生活、充满孤独感的朋友们来说是非常适合种植的，因此强力推荐。

8）小孩子们非常喜欢香草

很意外，在访问朗姆博客的人中有很多的小学生。由于香草不仅有其他植物不具备的独特的香气和魅力，不仅大人，而且小孩子们也非常喜欢。如果您的家里有小孩子的话，建议您买几棵回去养。这不仅可以给他们带去种植香草的乐趣，还能让他们享受到香草所散发出来的香气。

04 室内&室外，我该在哪里养呢

大家一般会把植物放在什么地方养呢？朗姆一般会把它们放在窗口或户外的胡同里进行种植。由此我深刻体验到了室内和室外的优缺点。这里所说的室内指的是阳台、窗口等，室外指的是屋顶、花坛、胡同及室外阳台等地方。

场所	优点	缺点
室内	室内可以保护香草不受风霜雨雪的侵袭！温度比室外更稳定，因此可以远离室外可能发生的危险。没有御寒能力的品种，冬天的时候可以在温暖的室内过冬，因此无需担心。尤其是室内是可以随时看到香草的地方，因此可以随时与香草进行交流。在室内种植的香草比室外种植的香草叶子要薄，而且颜色也较浅，但朗姆为了让紫苏的叶子颜色不那么深而特意将它放到了室内养	室内最致命的弱点就是光照和通风！由于室内的光照量会比室外少很多，因此很容易导致喜阳的香草徒长。通风不好很容易导致螨虫等病虫害的发生。解决这个缺点最简单的方法就是选择即使缺少光照也能茁壮成长的天竺葵、鼠尾草、细香葱等品种。为了有光照和通风，经常开窗也是非常重要的。每个季节阳光进入的位置和量是不同的，因此每当换季的时候需要对这些进行确认，然后将花盆放到适当的位置
室外	室外种植的优点最典型的可谓是充足的光照和良好的通风。在室外种植香草会深刻体会到，其实它并不是什么难以种植的植物。因为香草可以很快地战胜病虫害，而且叶子也会长得更加肥大！香草只有在室外种植，才能真正感受到它的丰腴	不管怎么说原产地是外国的品种还是很多的，因此有相当一部分的香草品种会不适应我国的气候。梅雨季节由于湿度过高，因此很容易腐烂；御寒能力低的品种在冬季的时候很容易被冻死。解决这些缺点的方法是：如果种在花坛里，可以选择有御寒和抵御风雨能力的薄荷树、蒿草、猫薄荷等品种；如果是比较麻烦的品种可以移植到花盆里，梅雨季节或冬季可以移到室内或透明塑料里；如果在屋顶种植的话，与露地相比光照会更强，因此最好尽量放在光照不是很强的地方

05 我想知道究竟什么是香草

大家都认为香草只是能散发出香气，或者能当茶喝的植物吗？其实还有很多既没有香气也不能当成茶喝的香草。一般对香草的解释是"具有药效或可以当成香料的植物"。我们将它想成是"药草"会更贴切一些。对了，不管是对身体多好的药材，如果过度服用的话也会成为毒药的。因此我们要适当食用香草，尤其是女人妊娠过程中一定要有所节制！

香草其实是我们每天都会见到的植物

提到香草，大家都会认为它们都是非常见植物，而且听名字就会让人感到麻烦，但实际上我们在日常生活中经常会见到的花草、蔬菜和树木等有很多就是香草。

1）很多朋友都知道的香草

迷迭香、熏衣草、柠檬香薄荷、柠檬马鞭草、鼠尾草、薄荷树、紫苏、甘菊等。

2）被认为是蔬菜的香草

洋葱、土豆、辣椒、红薯、芝麻、大蒜、玉米、水芹菜、黄瓜、小香葱等。

3）被认为是水果的香草

葡萄、柠檬、橙子、无花果、石榴、大枣、番石榴、木瓜等。

4）作为一般的茶来饮用的香草

薏米、大麦、玉竹、五味子、生姜、决明子、梅花（梅子）等。

5）被认为是一般的花朵或野生花朵的香草

莲花、玉簪花、凤仙花、向日葵、百合、菖蒲、射干、车前草、凤眼莲、洛神、白头翁等。

6）被广为人知的具有奇特疗效的香草

覆盆子、山药、人参、鱼腥草等。

7）被认为只是树木的香草

银杏树、松树、茶树、柏树、咖啡树等。

怎么样？很难想象这些竟然都属于香草吧！有没有被惊得张大了嘴巴？了解之后才知道，原来我们每天都和香草接触。

了解香草的原产地才能养好香草

所有的香草在任何一个季节都可以茁壮成长该有多好啊。香草中虽然有产于韩国的种类，但也有相当一部分是有外国名字的海外派。其中像薄荷树、蒿草等原本繁殖能力就很强的香草，或者与韩国固有种类很类似的香草都可以适应韩国的环境而茁壮成长。但是，那些原产地的气候与韩国有很大不同的香草则需要我们尽量寻找与其故乡环境相近的地方进行管理。

举个例子，大部分香草的故乡都在地中海沿岸，夏季干燥，冬季温暖，风力方面也很适合。因此种植这些品种的时候一定要注意不要放在湿度过高的地方，而且冬季的时候一定要放在温暖的地方。这类香草很适合种在花盆中，根据不同的季节进行管理。夏季一定要挪到室内躲避梅雨，冬季也需要挪到室内抵御严寒。

06 既然如此，就使用低成本的园艺工具吧

种植植物的时候，如果将那些园艺工具全部都买回来的话会花费很多的费用。就不能让成本低一些，或者使用一些反复可用的东西吗？下面就和朗姆一起来了解一下与大家在园艺书上看到的那些专业的园艺工具不同的可反复使用的工具吧。

1）一次性塑料杯

朗姆有好几个塑料杯，当"往水里插枝的时候"、"收集鸡蛋皮和茶包的时候"、"代替锹装土的时候"都会使用到——尤其是装土的时候会更加干净。如果没有塑料杯的话，可以将塑料瓶的瓶口处沿斜线剪掉后使用。

2）一次用塑料勺

用塑料杯很难将最上方的土整理干净，因此可以使用一次性勺子进行收尾工作。在装沙土或给徒长的小苗覆土的时候也可以使用。如果有一次性塑料杯和塑料勺的话，即使没有锹也是没有问题的！在吃碗装冰激凌的时候使用的小勺子可以用来制作植物的名牌。

3）塑料容器

用完就扔掉的塑料容器也是非常有用的。在小塑料容器的底部弄出洞，在播种的时候可以使用；宽口容器或双层容器可以当花盆的衬底，或者可以用来养蔬菜幼芽。如果是稍微大的白色塑料容器的话，可以将其裁成多个三角形来制作植物的名牌，那也是不错的。对吧？

4）喷雾器

平时我们经常免费就能得到一对在种植植物时所必备的喷雾器。喷雾剂形式的瓶子，可装有液体肥料或天然杀虫剂的喷雾器，装有护肤水的喷雾器等等！如果用同一个喷雾器装液体肥料和天然杀虫剂等会很容易造成喷嘴坏掉，而如果使用多个可以反复使用与喷雾剂的话，不仅可以减少费用，还可以分开使用，非常便利。如果觉得在使用喷雾剂的时候非常累胳膊的话，可以购买挤压喷雾器使用。

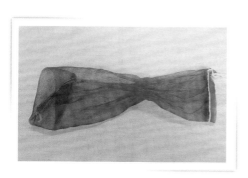

5）塑料瓶

塑料瓶是朗姆的必需品！我会用塑料瓶来给植物浇水，调制杀虫剂和液体肥料，或者用来稀释其他液体。此外还可以将其顶部剪掉，底部穿出小孔制成花盆。如果塑料瓶的瓶口比想象中的大，可以在瓶盖上穿出小孔，将其改造成喷头。

6）园艺剪刀或一般剪刀

园艺剪子或一般剪子也是朗姆在剪枝时的必需品！朗姆虽然用园艺剪刀来剪枝，但由于上面沾有水很容易生锈，因此购买了一般剪刀作为备品。剪枝后需要对剪刀进行消毒，这样才能避免将病虫害转移到其他的植物上。

7）装洋葱的网兜、装白菜的网兜、浴花等

在换盆的时候，朗姆一般会在花盆底部铺上装洋葱的网兜、装白菜的网兜、浴花等东西来替代专业网。这些东西平时很容易就能得到，可以减少费用。在用棉花、刷碗布来种植蔬菜幼苗的时候，将装洋葱的网兜铺在它们之间可以很容易将根部从棉花中分离出来。

07 一起来了解一下挑选香草苗的方法吧

如果您是初次种植香草，那么朗姆还是劝您从种小苗开始。如果没能购入好的小苗，就会引发病虫害，最终还需要承受换盆之苦。因此，购入好的小苗可谓是成功种植香草的第一步。

1）在合适的时间购买小苗

香草在不同季节会呈现出不同的状态，因此我们需要在小苗最健康的季节将其购入。因为夏季香草感染病虫害的可能性很高，寒冷的季节里，突然将其移到比较凉的地方会导致它们凋谢死亡。那么，最适合购入小苗的时期是什么时候呢？虽然根据每年的气温会有所不同，但一般从4月中旬到5月中旬这段时期是最合适的。因此，在每年的这段时间里会很容易买到各种各样的香草苗。如果想在其他季节购买的话，一定要确认好香草的状态后再出手。

2）一定要确认好叶子的状态

叶子即可体现出香草的全部状态！我们在购买的时候一定要上下左右、翻转过来好好地检查好叶子。这样是为了确认叶子上是否有各种害虫、香草是否染病。如果有很多叶子呈褐色或黄色，或者有蚜虫等虫子的话就需要挑选其他的小苗了。

3）一定要确认好每节是否过高过细，叶子是否过大

您购买的小苗是不是看起来像快要倒了似得且又长又细呢？小苗并不是越高越好。如果光照不足或缺乏营养的话会造成徒长，此时的小苗节与节之间会很长，而且长得还很高，叶子会变小。甚至叶子会出现浑浊的状态。

4）将花盆翻转过来确认根部是否有露出

小苗的根部露出盆外一点儿即可判断小苗长得是否良好。如果根部露出过长，甚至有些干枯即可说明它已经在花盆中放了很长时间了，因此我们需要选择那些只露出一点儿的小苗。即使根部没有漏出来，茎看起来也很结实，我们也需要抓住茎部轻轻摇晃一下。如果香草没有被拔出来的话即可说明它的根部非常牢固。

5）购买花苗时，请挑选带花骨朵的小苗

如果购买马樱丹、玫瑰等香草苗时一般都会有花骨朵或者花。在购买花苗的时候我们最好选择那些呈花骨朵儿状态的小苗，因为这样可以欣赏到更长时间的花。当然了，花骨朵儿越多越好。

08 有了小苗，该如何倒盆呢

植物能够茁壮成长的必要条件就是倒盆！如果不倒盆的话，植物的根部会长满整个花盆导致营养不良，这不仅会使植物不能健康成长，甚至可以使植物死掉。

那么什么时候倒盆好呢？首先需要将花盆倒转过来看一下！看到根部露出很多了吧？这就是由于土壤不足而导致的。

如果到了该倒盆的时候了，可根部却没有露出来呢？这就需要大家先确认一下它是突然发生成长缓慢，还是叶子变黄了，亦或是叶子变小了。这些情况一般是停止生长的时候才会出现的。

为倒盆失败的朋友们准备的诀窍

一般情况下，在倒盆之后需要浇透水，然后最好放在半阳地几天，这些大家应该都知道吧。如果大家已经按照这些基本常识做了，植物的状态还是不好的话我们还可以这样做：

1）倒盆也是分时期的

大家不会以为任何时候都可以倒盆吧？其实倒盆也是分时期的。春秋两季是最适合倒盆的。夏季天气炎热，很容易给植物带来后遗症，而冬季植物为了越冬都处于成长缓慢期。香草根据他们的繁殖能力倒盆的次数也有所不同，繁殖能力低的香草一般1~3年倒1次盆，而繁殖能力高的香草需要一年倒1~2次盆。

TIP

等等！如何废物利用制作花盆？

① 种植蔬菜或繁殖能力高的香草时：塑料泡沫箱、厚塑料材质的袋子、米袋子、木箱子等。

② 一般尺寸的再利用花盆：塑料瓶、石油柔软剂桶等。尺寸太小的不利于香草的生长，因此不建议使用。

③ 育苗用、插枝用、装饰用花盆：一次性塑料容器、外卖杯、除湿桶等。

④ 花盆之外可以进行再利用的东西：花盆衬底—双层容器等，一桶装冰激凌勺、雪糕棍、塑料饼干箱等。

2）植物的根和茎有很大的关系

倒盆的时候要尽量不碰触根部，只需要整理一下受伤的部位才是减小后遗症的捷径。但是对于繁殖能力强的香草来说，由于它会持续成长，因此会给花盆带来很大的负担。这种情况就需要大家果断地对其根部进行修剪——这样可以避免不断地换大盆。但需要注意的是，在修剪根部的时候，最好将茎部也一同进行修剪。因为根和茎是对称生长的，如果根部修剪过多的话会使茎部生病。初春时长出来的新芽小，像薄荷树、蒿草等繁殖能力强的香草会很快长出新根，因此只修剪根部也不会留下后遗症。对于一年生香草或蔬菜香草来说，尽量不碰触根部才是能让其快速生长的捷径。

3）如发现有倒盆后遗症，请套上透明塑料

倒盆后水也浇透了，可叶子还是会打蔫儿该怎么办呢？请套上经常会在厨房使用的透明或半透明塑料！透明塑料可以维持水分，因此比只浇水的效果会更好。朗姆就是用透明塑料来挽救幼苗的。黑色塑料袋会阻断阳光，因此千万不要使用！

请这样倒盆

香草根据不同的品种，其所需土壤混入的沙土比例也会稍有不同。虽然大部分香草是喜涝的，但也存在一些不喜涝品种，像柠檬草、水芹菜等不喜涝的品种，砂壤的比例就得减少或者干脆不加。还有，由于大部分香草的根部都会长得很长，因此最好选用深一点的花盆。

01 在空花盆中铺上倒盆专用网或装洋葱的网兜，然后在上方铺上砂壤。

02 在上方放入混有底肥10%～30%左右沙土的土壤，大约放半盆左右即可。底肥加入过多会给植物带来很大的负担，因此要适量。

03 将小苗翻转后轻轻敲打，使其从原来的盆中出来，然后放置在花盆中。不要去掉原有的土壤，直接放到花盆中可以减少后遗症。

04 在上方填入土壤，大概加到离花盆边缘20%左右。加得太多会导致浇水的时候水溢出。浇透水后将其放在半阳地1～3天后移到向阳地。

> **TIP**
>
> 如果养过香草就会发现，在移到大花盆之前经常会临时放到小盆中。如果觉得倒盆很繁琐，那么可以直接倒入大花盆，但如果放花盆的空间不足的话则需要多次倒盆。

一起了解一下倒盆的土壤吧

市场上销售的土壤种类真的是很多。当然一定会有朋友认为"直接去花坛或山上挖点土回来而且还免费"。使用花坛或是山上的土壤易发生病虫害，而且养分、水分状态也不好，因此不推荐使用。倒盆的时候只有使用状态好的土壤，加入充足的肥料才能增强香草防病虫害的能力，从而长得更强壮。如果就是想使用花坛或山上的土，亦或是使用过的土壤，那么需要将土中的杂质去除，然后放在阳光下晒干，或用热水消消毒。消毒后千万不要忘记加入肥料以增加养分。

1）好土（上土）

就像它的名字一样，适合农事，适合育苗，呈现褐色的土壤。播种的时候或种植芝麻菜、茼蒿等蔬菜香草的时候使用。夏季会生霉，一定要多加注意。好土分为蔬菜用好土、育苗用好土等种类，根据不同的用途会稍有不同，因此购买时一定要确认好。好土中一般会混有白色的小颗粒，这是为了能使水顺畅流通而加入的珍珠岩。

2）培养土（倒盆土）

倒盆的时候考虑到营养、排水、保湿、通气等性能需要混入多种土壤。培养土正是为了减少这种烦恼而将泥苔藓、珍珠岩、腐叶土等混合后销售的土壤。当然了，为了种香菜还需要混入保湿的砂壤。

3）蚯蚓粪便土（土龙土）

大家都知道有蚯蚓生活的土壤由于"蚯蚓的粪便"会使土质充满营养这个事实，用蚯蚓粪便制成的土壤就是蚯蚓粪便土。与培养土或好土混合使用，即使不加肥料，香草也能生长得很好。还可以当成追肥来使用，由于是有机肥料，所以会散发出味道，因此不需要担心会招虫子，也不会像好土那样容易生霉。

4) 沃土，种植土

朗姆在种植蔬菜幼苗的时候经常会使用不会发霉的土壤，即沃土！花盆底部不需要洞，各种营养成分充足，因此利于植物的生长。土壤非常轻，但价格较贵。沃土和种植土有什么不同呢？种植土的价格会更高一些，但效果也相对会更好。如果想在不加沃土或种植土的无孔花盆中种植植物的话，需要在花盆底部铺上树皮，然后再填上土即可。

5) 砂壤

在种植香草的时候为了防止水分流失而混入的花岗岩风化形成的土壤。沙土有多种尺寸类型，根据不同的用途需要选用不同的尺寸类型。如果是为了防止土壤从花盆底部的洞流失，可以选择大粒砂壤。由于砂壤上会沾有很多的土，因此在使用的时候需要洗一下。

6) 蛭石（金精石）

蛭石质地由于轻、保湿力强、无菌，因此在播种的时候或插枝的时候会只使用蛭石或混入一般土壤使用。它是遇热后会像爆米花一样膨胀的神奇的人工土壤。作为播种用土，除了好土和蛭石外，还包括播种用的泥苔藓。

7) 炭

提到炭很容易会想到它具有抗菌、除湿、净化空气的作用！将具有如此强大功能的炭放在植物上方，可以增强植物抵御病虫害的能力。也许是由于这个原因才会存在掺有一点炭的培养土，用它代替砂壤铺在花盆底部，在浇水的时候可以防止水分流失。

TIP

上面介绍的这些土不用全部都买入。只需要购买需要的土壤即可。这些土壤在哪里可以买得到呢？网上、大超市、种苗商、花园、园艺用品店等地方都可以买得到。价格不同的地方会有一定的差异，大家一定要比较好容量和价格后再买入。朗姆主要是从网上购买，而且一般都会大量购入，因此价格相对低廉。

09 一起学习一下为香草浇水的要领吧

一定有很多朋友会认为水浇得越多会越好，就像人吃得过多会感觉肚子都要撑爆炸了一样，给植物浇过多的水也不是什么好事。

许多有关植物的书中关于浇水都是这样说明的："当表面土壤呈现干涸状态时，一定要浇到花盆底流出水来为止。"由于季节变化和种植环境等原因，浇水量也会有所不同，因此很难定下来该多少天浇一次水。

那么为什么不用喷雾器大概浇一下，而是需要将水浇到花盆底部冒出水来为止呢？如果用喷雾器大概浇一下上方的话，会导致水无法到达根部底端，最后根部底端会干枯，而根部上方会过于潮湿。如果花盆中的水很充足的话，花盆内也会有光合作用。

1）浮土干涸的时候这样区分

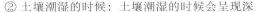

① 浮土干涸的时候：土壤的颜色比原来的原色要浅。如果土壤是黑色的话，那么干涸的时候很呈现出深灰色。如果土壤是褐色的话，那么干涸的时候会呈现出浅褐色。

② 土壤潮湿的时候：土壤潮湿的时候会呈现深黑色或褐色。用手摸的话会沾到手上。

我想应该会有朋友想说："朗姆！我想有规律地浇水。"那么，大家不要一起给所有的花盆都浇上水，一定要等到叶子打蔫儿的时候再浇。要给叶子先打蔫儿的花盆经常浇水。越是不耐旱的，花盆越小的，就越需要经常浇水。

TIP

如果浇的是自来水——自来水中含有氯，最好将自来水放置一两天再浇。由于朗姆需要管理很多花盆，没有那么多时间，而且也很麻烦，因此一直都是直接浇自来水的，但到目前为止还没有出现什么问题。

31

先确认一下每种香草几天叶子才会打蔫儿，那么很利于实现有规律地浇水。但是大家需要记住的是，温度变化的时候浇水的次数是会有变化的。

2）不同的季节需要这样浇水

① 春季、秋季：春秋两季的时候，当浮土干涸或叶子稍微有点打蔫儿的时候浇水。朗姆根据光照量和植物的特性，一般2～5天浇一次水。但是，毕竟会出现雨天和温度突然变热的时候，因此一定要确认了温度和花盆土壤的状态之后再浇水！最好在清晨或傍晚的时候浇水。

② 盛夏：盛夏的时候花盆中的土壤会很快干涸，因此在叶子打蔫儿之前就需要浇水。如果放在稍微背阴的地方养会有所不同，但基本上每天都需要浇水。下午浇水会导致花盆的温度迅速上升，如果每天浇一次也不充足的话，可以在清晨的时候浇一次，然后晚上的时候再浇一次。

③ 梅雨季节：虽然都是夏天，但是在潮湿的梅雨季节经常浇水的话，不仅容易导致植物烂根，而且还容易生真菌。但如果不浇水，还放在干燥的地方，又会由于缺水而导致植物死亡，因此一定要确定好土壤的状态之后再浇水。梅雨季节由于光照不足，植物很容易徒长，水量一定要适度，大家一定要记住呦！

④ 冬季：冬季是水分蒸发相对缓慢的季节。种植在户外大花盆中越冬的植物基本不需要浇水。但如果是在室内种植或种在小花盆中时，则需要在土壤干涸时浇水。如果在如此寒冷的季节浇上冰水，会很容易导致根部冻伤，最好在温度稍微高一点的白天浇水。

3）需要离开家几天的时候，该如何给植物浇水呢

经常养植物的朋友有一个共同的烦恼，那就是旅行的时候家里没人该如何给植物浇水。

TIP

虽然并不是所有的香草都如此，但一般通过香草的叶子即可看出香草的特性。一般情况下，如果叶子肥厚健壮说明它能耐旱。如果叶子薄而柔软说明它更喜涝。

　　其他的季节还有可能克服一下，但是夏季水分会很快蒸发掉，因此会令人非常烦恼。

　　① 将植物挪到光照稍微差一点的地方，这样可以减少水分的消耗量。但需要注意的是，如果过于阴暗的地方容易引发植物徒长。

　　② 旅行之前一定要将水浇足，这是常识中的常识。为了维持水分，如果是在不那么热的季节外出的话，可以将植物装在透明塑料袋里，这也不失为一个好办法。

　　③ 夏季出去旅行或需要长期外出的话就需要供给水分的设备了。花点儿钱购入自动供水器或在装水的塑料瓶中穿几个洞，然后盖上盖子插在土壤中。这种方法适用于花盆较少的情况，如果花盆较多的话也会很困难的。

　　④ 不仅可以从上方供给水分，大家也可以尝试从下方进行供水。在花盆的衬底上装上水，水分可以通过底部自动提供给植物。

TIP

　　旅行之前如果需要给大量的植物供水，则需要一个大的衬底。

　　① 可以将花盆放在装有水的大塑料袋中，这样水分就可以从底部进行供给了。也可以使用回收垃圾的袋子。

　　② 用浴缸、鱼缸、塑料泡沫箱等大容器也是不错的方法。

　　③ 朗姆主要使用的是托盘，因为它可以盛装多个花盆。但需要注意的是，如果托盘过低，水分会很快被吸收没的！

以树木的形式成长的香草，根据剪枝和整形的程度会呈现给大家更为漂亮的形状。让植物下方的枝丫木质化会更便于修型。

但是一定会有很多朋友认为"剪掉香草的枝丫会很心疼"。其实朗姆最开始的时候也是如此。

1）什么是木质化

很意外，博客上出现的最多问题竟然是"朗姆！茎烂了"。查看与问题一起传上来的照片发现，其实并不是烂了，而是由于发生了木质化而使茎变成了褐色。

所谓木质化是指树木的下端变得像树一样坚硬的现象。越是剪枝，上方的枝丫会越繁茂，而如果下部柔软的话就很容易倒。木质化就是为了防止这种情况的发生而出现的自然现象。因此不仅像迷迭香这种树状香草，一部分草本香草也经常能看到这种木质化现象。如果发生了木质化，那么下方的叶子会掉落，这是由于木质化树茎的生长点钝化了的原因。因此在剪枝的时候，与其修剪木质化的部分，不如修剪绿色的部分会更合适。

2）和朗姆一起尝试一下剪枝吧

① 剪枝利于通风，因此可以有助于防止病虫害。如果希望自己所期望部分附近的叶子向上长，那么则需要在叶子周围再长出两个新的枝丫。最开始的时候不要忘记剪掉下面的枝丫，这样会形成相对稳定的形状。

② 如果不剪枝就只能沿一个枝丫生长，这样会显得非常平淡。因此为了给像薰衣草、迷迭香等香草定型，需要对其剪枝。按照自己所希望的模样和效果进行修剪即可。

③ 如果香草出现严重徒长的情况，可以将下方的枝丫全部剪掉，然后放在光照比较好的地方。这样会很快长出新的枝丫。如果剪枝后还是放在阴凉的地方还是会出现徒长的。

④ 被剪掉的枝丫可以用来插枝，上方长有的香草叶可以应用到多种地方。剪枝是与收获并行的。

3）好想尝试一次！用灌木修剪法进行修整

如果对于修剪成什么样的形状没什么想法的话，试一下灌木修剪法，将其修剪成伞状怎么样？"灌木修剪树形"是市场里销售的迷迭香最常见的形状。虽然这种树形不做修改也很美，但如果能稍微改良一下，将其修剪成2层、3层以上的形状，或者修剪成心形也是有可能的。此时则需要用铁丝来固定枝丫，掌控树形。

① 剪掉新鲜的枝丫，撕掉上方一部分叶子后插在土壤中或水中。

② 如果长出根部，只需要留下上方几片叶子，下方的所有叶子都撕掉。待长到一定程度时，将最上方也摘掉。

③ 在最上方采掉的地方会长出2个新的枝丫。待新枝丫长成后再剪一次枝，让它再次长出新枝丫。枝丫会逐渐变得茂盛的。

④ 想着自己希望的形状，几年间都耐心地剪枝，即可形成所希望的形状。如果期间植物有倾斜的情况出现，则需要使用支架支撑一下。

TIP

灌木修剪树形由于从最开始就需要想着形状进行剪枝，因此一般都从插枝开始。由于这样修剪会花费很多时间，如果感觉这种形状难以掌握的话不妨试试活用一下如何？

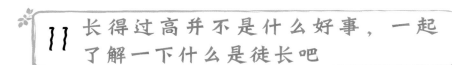

11 长得过高并不是什么好事，一起了解一下什么是徒长吧

在朗姆的文章中经常会出现徒长这个单词！一定会有疑惑什么是徒长的朋友吧。如果在室外种植的话基本不会出现这种情况，这是一种经常发生在室内的现象。

1）香草徒长是什么意思

简单地说，徒长是指没能正常生长，只单纯地"长个儿"。长得高难道不是好事吗？不是这样的！个长高了并不是徒长，所谓的徒长是指在长个儿的同时，还伴随着枝丫变细、叶子也不再长大等一系列非正常情况。

如果茎部严重变长，而且还常常会倒，那么就需要大家注意一下啦。如果不是徒长的话，不论香草长得再高，叶子再大也不会出现倒的现象。徒长并不是香草特有的现象，而是所有植物都会出现的现象。

2）怎样管理才不会出现徒长

① 最重要的是光照！为什么光照不足会出现徒长呢？因为在阴暗的环境中，香草会误以为自己还在土壤中，因此为了寻找光明会不断地长高。也正因如此，与户外相比，光照不足的室内会出现徒长。如果是无法改变的环境，可以打开台灯或LED植物用照明来稍微预防一下这种情况。

② 在像梅雨季节这种阴暗的天气则需要尽量让它们保持干爽。水分过多会使它们更想生长，从而会导致徒长加重。但是如果太干的话也会导致香草干死，因此一定要多加注意！

③ 营养不良也能导致徒长。营养不足会使叶子不能很好地成长，而且茎部会变得很细，因此定期倒盆是解决这个问题的最好方法。

3）这样应对徒长

如果是暂时疯长的话，可以将长在下方茎部上的叶子向上修剪，让其长出新的茎部。但如果是刚刚长出的新芽则很难剪枝了。此时则需要为发生徒长的茎部培土，以防止倾斜。然后千万别忘了将其放在光照好的地方！

01 由于放在光照不足的室内进行种植，因此发生了徒长。根据阴暗程度的不同，发生徒长的程度也会有所不同。

02 整理的时候需要将徒长部分的叶子用土掩盖上。如果一开始就是用大花盆种的话，直接将其掩盖成像刚种的状态即可。

03 由于是用土壤进行掩埋，因此看起来会并不像徒长的小苗，而是像正常的小苗。

12 繁殖过香草吗？有很多种方法呢

栽种香草种子

其实从栽种种子来种植香草并不是件容易的事情。然而还是会有很多人希望从种子开始种植，理由是在等待之后看到新芽的那种喜悦。而且，从种子开始种植更会给人一种它们是自己家人的感觉。

（1）种植香草种子的时候需要注意如下几个方面

① 发芽率低的香草与其直接种在花坛或一般土壤中，不如用播种专用土来育苗会更容易发出新芽。播种专用土一般不是很肥沃，但是会很干净，而且具有很好的保湿效果。营养过剩的土壤反而会给新芽造成负担。

② 即使发出了新芽，但如果光照不足的话新芽也有可能出现徒长。朗姆在室内管理新芽期间，一般会打开台灯来代替光照。

③ 新苗成长最适合的季节是4月初～5月中旬。发芽率高的香草即使温度稍微低一点也能发芽，但像芝麻菜、菊苣等蔬菜香草在秋季播种的话会减少病虫害。温度过低或过高的时节会降低发芽率，因此大家需要耐心等待一下。

④ 为了能长出新芽，水分也是非常重要的。发芽前如果土壤干涸是不会发出新芽的。如果不能保证按时浇水的话，为了维持温度和水分可以将香草包在透明保鲜膜或透明塑料袋中。黑色塑料反而会降低温度，因此一定不要使用！直至长出新芽为止，最好使用底面灌水的方式。

⑤ 如果长出了过多的新芽需要间苗，只留下结实的幼苗。如果一起种了好几棵幼苗的话，它们会在狭窄的花盆中相互竞争，因此会无法很好地生长。

（2）应该将种子种在哪里

① 六角盘：可以盛装土壤用来种植种子，有多个小孔的六角盘。价格低廉，非常适合用来播种多种种子。根据种子的大小可以选择32孔、40孔、72孔等不同的尺寸。孔越大，孔的数量就越少。

② 泥炭盆：泥炭盆是用播种用泥苔藓土制成的小盆，在其中加入播种用土来播种种子。通气性好，在泥炭盆中不需要分离小苗，直接种在盆中即可，因此非常方便。由于空间很宽裕，可以种植大号种子以及将种在盘子等容器中的幼苗临时放在其中。

③ 棉花播种和纸巾播种：将种子放在棉花、洗碗巾、纸巾上，注意不要让水干涸，这样会由于具有充足的水分而比种在土壤中更早发出新芽。此时，需要在根部长得过长之前移到土壤中。朗姆经常会用这种方法来种植发芽率低的种子或稍微大一点的种子。因为种子太小，在往土壤中移的时候会很麻烦。

④ 再活用容器：如果不想花钱的话可以使用像桶装冰激凌桶这种小型一次性塑料桶播种。但是，由于其下方没有出水孔，因此需要在下方穿出小孔。如果容器过于坚硬而无法用锥子穿出孔的话，可以将剪子烧热后穿。如果觉得穿洞太麻烦，可以使用沃土或种植土。

⑤ 鸡蛋壳：有利于植物生长的鸡蛋壳是广为人知的事实！将种子种在鸡蛋壳中会起到美化的作用。想想蛋壳中长出幼苗该是多么可爱的场面啊！

01 小心去掉鸡蛋的顶壳，取出蛋清和蛋黄，然后将剩下的鸡蛋壳放在鸡蛋盘子中。内侧的黏膜会生真菌，因此一定要除去。

02 如果想用好土种的话，需要用筷子在鸡蛋壳底部穿出小孔。如果不想穿孔的话就得放入沃土或种植土。

03 在发出新苗之前一定要保证土壤湿润，这样才能长出可爱的小苗。

TIP

如果想漂亮地剪掉上方的蛋壳，大家可以用指甲刀或修眉刀进行剪裁。

⑥泥炭盆

泥炭盆是用泥炭藓压缩而成，因此在播种的时候不需要再单独购买播种用土，直接种即可。

01 泥炭盆一般都呈现这种扁平的压缩形状。将它放在盛有水的小容器中加入水。

02 很神奇的是它遇水之后会膨胀起来。在长出新芽之前一定要保持它的湿润。

03 直接将它移植到土壤中也可以，但以后植物的根部会比较憋闷。最好将包裹在它外面的无纺织布撕掉之后再移植。

TIP

如果想将没有长出新芽的泥炭盆再次干燥，则可以用微波炉转一下。

（3）香草播种这样操作

植物的种子有多种大小和形状。虽然大部分的种子有没有阳光都能发芽，但最好还是将它们分为需要接受光照才能发芽的"需光发芽种子"和在阴暗的地方发芽的"需暗发芽种子"。一般需暗发芽种子的数量非常少，最具代表性的需暗发芽种子有黄瓜、香瓜等葫芦科品种。

① 大号种子

像豆子一般大小的种子由于比较大，因此最好浸泡在水中。将种子在水中浸泡1~2天后，用手指在土壤中抠出一个深深的洞，然后将种子种进去。由于种子比较大，因此最好种在尺寸比较大的盆中。

② 中号种子

指的是芝麻粒大小的种子。用手指在土中稍微抠个小洞，将种子种进去盖上土即可。如果种子较多的话可以用手指或木筷子在土壤上方划上线，然后在里面撒上种子，之后盖上土即可。如果种的太深会导致幼苗很难长出，因此一定要注意。

③ 小号种子

像这种肉眼不容易看见的种子需要撒在土壤上方。大部分小号种子都属于需光发芽种子，因此不用覆土也可以。如果担心风吹，非要覆土的话可以将种子混在土中，然后慢慢地撒在土壤上方。

TIP

不要将所拥有的所有种子都一次性撒下，可以留下一部分，待没有发出新芽的时候可以重新播种。播种的时间不同，发芽率也会不同。种子可以在大花圃、花籽家园、种子家园等网站上购买，也可以在种苗商等实体店购买。

（4）剩余的种子可以这样保存

如果种过香草就会发现即使是发芽率高的香草也有不发芽的情况，即使发芽率低的香草也会有很高发芽率的情况。根据购入种子的状态以及保管情况的不同，发芽率也会出现差异，将干燥的香草种子放在阴凉的地方进行保存可以延长它的寿命，比如说像电冰箱、泡菜电冰箱或者冬天的地下。朗姆一般都放在电冰箱里保存，将种子放在袋子中，然后放入大的拉链袋，然后再夹在可以避光的报纸中。用黑色袋子代替拉链袋也是可以的。

通过插枝来繁殖

　　由于大部分香草的发芽率都很低，因此会经常通过插枝来进行繁殖。插枝也称为"插条"。像薄荷树、旱金莲、紫苏等香草插枝的话会100%成功。因此购买小苗进行繁殖会更加简单便利。剪枝剪下来的枝条可以留下来几条，尝试挑战一下插枝吧。

（1）插枝的方法

O1 剪下5～10cm长短的结实的枝丫。与木质化的枝丫和徒长的枝丫相比，绿色的枝丫和叶子肥厚的枝丫成功率会更高。

O2 摘掉下方的一部分叶子，然后插在土壤中或水中。只有将下方的叶子摘掉一部分才能更容易长出根部，而且还能防止水分蒸发。

O3 提供充足的水分，不久之后就能在枝丫上长出根部。不同的香草长出根部所需的时间也会不同。

（2）水插枝vs土壤插枝

插枝（插条）可分为水插枝和土壤插枝两种类型。两者都有各自的优缺点。

① 水插枝：因为是插在水中，因此在水分供给方面非常有利，而且会快速地长出根部。但是，在往土壤中移植的时候会发生后遗症。如果移植到土壤后出现了后遗症，可以用透明塑料袋包裹。最好1～3天换一次水，以防止水变质。

② 土壤插枝：利用土壤插枝，根部可以直接在土壤中成长，因此会减少后遗症的发生。但是，由于水分不足，土壤一干就会马上凋零，因此一定要经常浇水。如果浇了水叶子也打蔫儿的话，可以在外面包上透明塑料袋，直至叶子出现光泽。用于插枝的土壤需要使用低营养成分的，因此混入一些砂壤可以很好地防止水分的流失。

其他繁殖法

如果认为只能通过插枝或种种子来繁殖香草的话那就错了。因为还有一些香草的繁殖能力非常强，就像杂草一样。

① 压枝：折下一段枝丫就可以在枝丫上长出根部。即使不用特意去照顾也会自动长出根部。徒长的枝丫不知道效果会不会好，大家可以试一下。

② 分株繁殖：香草的根部会长出新芽，即新杈，将这些新杈折下种植的繁殖方法即为分株繁殖。只需购入一棵小苗就会马上得到多个小苗。

像薄荷树、蒿草、柠檬香薄荷等繁殖力强的香草很容易通过分株繁殖来实现繁殖。

13 有机肥料最好了！制作有机肥料

经常会出现在餐桌上的香草和蔬菜都会有很多的化学肥料和农药，很多人都知道这样的东西不好。大家都知道农药对身体不好，因此都会洗干净再吃。

但是，为什么化学肥料不好呢？只是因为对人体不好吗？一味使用化学肥料的话会慢慢将土壤中的蚯蚓、微生物及含有农家肥的有机物杀死，土壤会慢慢失去再生能力，变得酸性化，以后会更加依赖化学肥料。这样没有生机的土地会更容易发生病虫害，相应地使用农药的量也会变得更多。

好可怕的化学肥料啊！现在是不是不想再往花坛和田地里撒更多的农药了呢？如果您使用花盆和购买的土壤来进行种植，虽然会避免化学肥料的使用，但如果您想再次使用这种用过的土壤那么就应自己学会制作有机肥料！

农家肥很容易在超市、种苗商或网上购买到。农家肥的种类有很多，有长得像土壤一样的肥料，有颗粒状的肥料，有液体肥料。但每次都需要购买会有很大的负担是吧？虽然自己制作混在土壤中使用的底肥会花费很长时间，但我们可以在家制作一些追肥。

1）茶包稀液

将使用过的绿茶、红茶、香草茶等茶包再放到水中稀释，用这些稀释过的水来代替水浇到花盆中。也可以将茶包里的残渣放到花盆里，但这样容易生霉，因此最好还是使用稀释过的水比较好。也可以将红参渣和补药等稀释后当成肥料用。对人体有利的东西对一般植物也会非常好。

2）原豆咖啡渣

将原豆咖啡渣晒干碾碎后放入花盆竟会成为非常好的肥料。如果没晒干或直接放到土里的话会生霉的。如果无论怎么努力还是会生霉，可以将原豆咖啡用水稀释后浇到土中。

3）蛋壳

将蛋壳加入到植物中，可以成为非常好的提供钙质的肥料。此外，将贝壳、螃蟹壳碾碎也可以成为钙质补充剂。直接使用效果不会很好，因此需要用臼或搅拌器弄碎之后再使用。如果不去除蛋壳中的白色黏膜会生霉，因此一定要去除。

4）淘米水

直接将淘米水倒入花盆的话，随着淘米水的发酵会散发出热量，反而会对根部造成伤害。因此，如果想使用淘米水的话，可以将其装在2升的塑料瓶中，然后加入一勺糖，放置1～2周使其发酵后再使用。打开盖子后能闻到像米酒一样的味道时就说明发酵完成了。但是，如果经常使用会招来虫子的，因此一定要注意。

5）蛋壳醋液肥

将去除了白色黏膜的蛋壳装入塑料桶或塑料瓶中，然后再倒入相当于蛋壳两倍的醋，这样蛋壳中的钙质就会流出，进而形成了充满钙质的液肥。由于里面含有醋，因此在防止病虫害方面也会起到一定的帮助。此时，由于和醋发生反应会出现一些气泡，容易导致瓶子裂开，因此需要将瓶盖稍微打开一些，释放气体。1～2周发酵完成后，用多于它500倍的水稀释后使用即可。

6）EM发酵液

经常用于洗衣、刷碗、除臭等方面的em发酵液也可以制成肥料。一般会用EM发酵液与淘米水一起制成EM淘米水发酵液。在塑料瓶中装入15厘米的em原液、1.4升淘米水、15克白糖、少许盐，在阴凉处放置1～2周即可完成！用500倍的水稀释后即可浇到植物上。也可以在原豆咖啡渣、食物残渣、油饼、茶包残渣、落叶等中加入EM原液发酵后制成肥料。

TIP

追肥一般在春秋两季需要1～3周一次。如果加入过多会破坏植物内部的营养均衡，进而导致植物不能正常生长。冬季由于是植物的休眠期，因此可以不追肥。给幼小的植物追肥会产生副作用，因此一定要在植物长到与销售的小苗一样大小的时候再追肥。由于大部分的香草繁殖能力都比较高，因此一定要掌握好底肥和追肥的时间和量。

14 病虫害!如此应对

夏季到来,朗姆会变得异常繁忙!由于花盆会很快干涸,因此每天都需要浇水,而且还要忙于应对令人头疼的病虫害。对于病虫害,预防要比应对更加重要。

1)香草经常会出现的病虫害

养过香草的人都经常会遭遇病虫害,而且往往因为不知道染上了什么病虫害而只能干跺脚。因此,朗姆对病虫害进行了如下总结。

① 螨虫

种植香草最让人头疼的就是螨虫!螨虫是用肉眼很难看到的红色的小蜘蛛,经常出现在通风不好,而且还相对干燥的室内。它有很强的抗药性,因此喷一次药是很难将它们消灭掉的。在出现螨虫之前,最好喷一些蛋黄油等天然杀虫剂来进行一下预防,同时还要将植物放到通风好的地方。

② 蚜虫

经常出现在蔬菜香草上的病虫害。如果一直都在生蚜虫,以后植物会得花叶病,因此一定要重视起来。蚜虫的好朋友是蚂蚁,天敌是瓢虫!消除蚂蚁,引入瓢虫可以有助于消除蚜虫。也可以喷洒环保

杀虫剂或保而克杀虫剂,或撒入稀释成黏稠状的糖稀。但需要注意的是,当糖稀干涸后,需要将沾在叶子上的糖稀擦干净。

③ 潜蝇姬小蜂

可以在叶子上画出白线的害虫。旱金莲经常会出现这种病虫害。在白线的尽头可以看到非常小的潜蝇姬小蜂,使劲挤压那个位置可以将其除掉。

④ 白粉病

就像它的名字一样,是在叶子上出现白色粉末状的病。迷迭香经常会出现此种病虫害。这是由于通风不好才会出现的病,因此在换季的时候尤其要注意保持植物的通风。

⑤ 温室粉虱

通常发生在通风不好的温暖的室内的一种害虫。依附在叶下的小飞虫，用手一拍即可飞走。

⑥ 幼虫

经常会在户外看到的幼虫！可以瞬间将香草叶啃光的可怕的幼虫。它比螨虫更难去除，如果担心幼虫的出现，可以安装寒冷纱。

⑦ 桑蓟马

叶子背面出现像被虫子啃过的痕迹，而且还有黑色的斑点时，就说明出现了桑蓟马。它是多种香草都会出现的病虫害。

2）发生病虫害之前可以这样防治

通过上面的说明我们会发现大部分的病虫害都与"通风"有关是吧？只要在环境方面多加注意就会阻止病虫害大范围蔓延。

① 可以减少病虫害发生的环境是充足的阳光、良好的通风、适当的水、高品质的土壤、适当尺寸的花盆，即所谓的空间。只要在上面五个方面多加管理就会减少病虫害的发生，而且还可以让香草更加健康。病虫害更喜欢那些脆弱的香草。

② 需要卫生的环境。我们需要将受病的叶子和种子除掉，果断剪掉死掉的花朵，将落到土上的叶子清理干净。为了保持土壤的干净，还是建议大家使用新土，但如果还是想再次使用旧土的话，记得一定要先消毒。

③ 在发生病虫害之前，先用2倍以上的水稀释出毒草汁、蒜汁、蛋黄油等天然杀虫剂浇到植物上面会起到一定的预防作用。国外在防止病虫害的时候一般会将肥皂水和芥菜籽油用水稀释后进行浇灌。

④ 大多害虫是不喜欢水的。一旦出现了害虫，先将能用手处理掉的害虫处理掉，然后在植物的叶子上喷洒上水。如果害虫不是很多的话，可以用这个方法解决。

⑤ 如果对发生严重病虫害的植物放任不管的话，病虫害就会传染到别的植物上。因此一定要将其与其他的植物保持一定的距离，将害虫吃过的部分剪掉。当然，剪枝是最后不得已的方法。

⑥ 如果还是害虫肆虐的话，可以使用环保杀虫剂。虽然没有农药的效果好，但它不会对人体和植物造成任何伤害。化学农药是在没有办法的情况下才使用。

⑦ 蚜虫的天敌不是瓢虫吗？利用天敌来防治病虫害也是非常好的方法。市场上有专门销售含有天敌的防治病虫害的产品。

TIP

制作超级蛋黄油

蛋黄油非常有利于防治螨虫和白粉病。但是一般的蛋黄油对于螨虫来说并不是很有效果。因此我们需要制作一些更加有效的蛋黄油。

01　先将10克左右的蛋黄酱放到碗中。用2升的水来稀释这些蛋黄酱可以制成一般的蛋黄油。

02　如果想制成更加强效的蛋黄油，可以在蛋黄酱中再加入10克芥菜籽油、5克洗洁精和蒜汁。加入一般食用油也可以，但芥菜籽油的效果最好。如果怕对植物造成伤害的话，可以减少芥菜籽油和洗洁精的量。

03　用2升的水将其稀释后使用即可。由于很难一次性消灭掉害虫，因此需要在2周后再浇一次。如果总浇的话会使叶子上生霉，因此一定要注意。

15　开花之后收获种子

提到香草，大家最先想到的应该是它能散发出香气的叶子吧？其实香草也能盛开多种漂亮的花朵。花与剪枝有很大的关系。过于频繁地剪枝会推迟开花的时间。但是，在开花的时候，由于大部分的养分都供给花朵了，因此直至花谢为止，叶子都不会有所成长。如果想赏花的话，可以不剪枝，但如果想收获叶子的话，则需要剪掉花轴。

TIP

大部分香草如果光照不足的话都不会开出状态好的花朵，甚者可能开不了花。花期的时候需要将其放在光照好的地方。

1）长日照植物和短日照植物

长日照和短日照对于花朵来说是非常重要的。虽然也存在像西红柿和辣椒这种与长日照和短日照关系不大而开花的植物，但我们可以利用长日照和短日照来提前或延后花期。

① 短日照植物

主要指秋冬季光照时间短时开花的植物。像木槿花、菊花等就属于此类植物。我们可以利用这个规律，在下午五点到早上八点期间用黑色塑料袋或黑布将其包裹住，以让其更加快速地开花。

② 长日照植物

主要指春夏季光照时间长时开花的植物。像芹

菜、生菜等就属于此类植物。为了能让其尽快开花，与短日照植物正好相反，我们可以打开照明灯为其提供更多的光照。如果想控制它开花的话则可以按照短日照植物的方法进行处理。

２） 花朵受精和采种

如果是将花盆放在户外进行种植的话就可以通过蝴蝶等昆虫来实现自然受精。受精后的花朵会结有种子，待种子呈现褐色或固有的颜色时就可以采

种了。此时，剪掉连接种子的把儿，然后往塑料袋或大碗中抖会比较方便。没有抖下来的种子可以一一用手进行采摘。

那如果在没有昆虫的室内种植该怎么办呢？可以用棉棒或毛笔等工具先在花内的雄蕊上沾一下，然后将花粉沾到雌蕊上即可。对于像豆科植物及黄瓜、紫苏等不需要外力也能自然受精的植物来说就不需要你帮忙了。但如果您不放心的话，可以轻轻摇晃一下花朵协助其受精。

TIP

虽然希望被采摘的种子都能是好种子，但偶尔也会采摘到不好的种子。将采来的种子放在水里，好种子就可以沉下去，而不好的种子则会飘上来。

① 春季：春季是种植香草最繁忙的季节。既是购买小苗的季节，也是播撒种子的季节，是所有香草开始成长的时节。之前种植的香草从冬眠中苏醒，在已经凋零的枝丫之间长出了新芽，因此需要我们分盆。如果偷懒的话会很容易错过时机，因此一定要勤快一些呦。朗姆在对上一年种植的香菜进行分盆的时候，为了不换盆一般会剪掉一半以上的根部。

② 夏季：夏季是需要仔细管理的季节，需要经常浇水，而且还需要应对极易发生的病虫害。喜旱的香草在梅雨季节需要移到室内。在夏季到来之前剪掉茂盛的枝丫，有助于减少病虫害。

③ 秋季：秋季相对清闲的季节！因为浇水的次数减少了，而且病虫害也开始慢慢消失了。天气日渐寒冷，香草叶子的颜色会发生变化，大家不用过于吃惊！因为有些香草需要通过改变叶子的颜色

来为冬天做准备——朗姆看到过变成黄色、褐色和红色的香草叶子。秋季分盆可以有更多的收获，但如果受空间所限的话，可以像朗姆一样通过剪枝来强制让其准备过冬。

④ 冬季：香草冬眠的季节，即越冬的季节，浇水的次数更加减少。在天气变冷之前需要将不耐寒

香草上打蔫儿的叶子摘掉，然后移到室内，对于那些较耐寒的香草，需要将打蔫儿的枝丫剪短。为了保温，可以在上方覆上落叶、透明塑料或土壤。不用担心会因为缺乏营养而导致徒长！春季发出新芽的时候将其移植到充满养分的土壤中即可长出苗壮的香草。如果希望在冬季也能欣赏到绿油油的叶子，可以在室内种植一些蔬菜香草。

17 了解几个园艺用语

在对植物进行学习的时候，我们经常会遇到一些园艺方面的专有名词却不知道意思是吧？查字典很难查到，有的甚至根本查不到。因此，朗姆将尽量用最简单的语言来解释一些园艺相关的专有名词。

1）分盆相关用语

※假植：在正式移植之前进行了临时性移栽。

※移植：为了继续种植小苗而将其移植到大花盆或土地中。

※分盆：移植到更大一些的花盆中。

2）浇水、施肥相关用语

※过湿：给植物浇了过多的水。

※底面灌水：与从上方浇水不同，利用花盆底部的小孔从下方为植物供给水分。

※无土栽培：不是用土壤，而是用水来种植植物。也可以用液肥来养。

※底肥（基肥）：在种植植物之前事先加入的肥料。

※追肥：植物栽种完成后，为了让其能更好地生长而追加的肥料。

3）植物特性相关用语

※杂交：与其他个体受精而形成的新的植物体，即杂交物种。

※树形：植物整体的形状。

※耐寒性：具有抵御零下温度的能力。

※非耐寒性：不具备抵御严寒的能力。

※半耐寒性：具有可以抵御非零下寒冷的能力。

※耐热性：具备抵御酷暑的能力。

※露地越冬：冬季可以在室外的土地上生长。

※一年生：可以生长一年的植物。

※两年生：可以生长两年的植物称为两年生。

※多年生：可以生长很多年的植物。

※结球：类似于白菜、洋白菜等植物，从内面开始分为很多层，呈圆形。

※匍匐茎：将茎部铺在地表，进而长出根部来进行繁殖。

※直立型：茎部直立向上的状态。

※匍匐型：茎部沿地表生长的状态。

4) 种植种子相关用语

※播种：种种子。

※直播：将种子直接种在地里或花盆中。

※育苗：将种子种在育苗用盆中来培育幼苗。

※发芽：长出新芽。

※发芽率：长出新芽的比率。

※粒：种子的计量单位。

※小苗：为了以后能移植到地里或花盆中而事先经过育苗而养成的幼苗。

※点种：每隔一定距离挖一小坑并放入种子的一种播种方法。主要用于大粒种子。

※条播：在土上划上线，然后沿线进行播种的方法。主要用于中号种子。

※撒播：播种非常微小的种子时使用的一种扬撒方法。也可以将种子混在土中进行种植。

5) 培植植物环境相关用语

※阳面：一整天都能照进阳光的地方。

※半阳面：可以照进两个小时以上的光照，但随着时间推移也可以成为半阴面的地方。

※半阴面：间接照进阳光的地方或依靠人工照明的地方。

※遮光：光照极强的季节或为了无法使用强光照的植物而遮挡阳光。为了调节植物的花期也可以进行遮光。

※露地：非室内、非大棚的室外花坛或田地等。

6) 花朵和受精相关用语

※花芽分化：主要具备必要的条件就可以形成花芽的程序。

※受精：为了结果实或种子而将花粉沾到雌蕊上的事情。

※人工授精：人为协助受精。反义词是自然受精。

※采种：采摘种子。

※花轴分枝：提高花轴。

7) 配置植物方法相关用语

※间苗：为了能长出苗壮的小苗而将质量不好的幼苗去除。

※剪枝：为了使植物的形状更好或更茂盛而剪掉部分枝丫。

※徒长（疯长）：由于光照不足等原因而导致枝丫长得过长、过细、过弱。

※覆土：培土。发生徒长时，用土来对徒长的部分进行掩盖。

※打顶：为了调节生长而剪掉新长出来的幼芽。

※护根：为了御寒或去除杂草而在土上覆上一层塑料或落叶。

Part 2

轻松培植香草

01

※ 难易度：★★☆☆☆
※ 别称：玻璃苣
※ 门类：紫草科1年生
※ 原产地：地中海沿岸

1. 日照量：向阳地
2. 浇水量：关爱适量或稍少
3. 种子大小：向日葵籽大小
4. 播种时间：3月末～5月初，8月末～初秋
5. 冬季管理：冬季需在室内种植
6. 病虫害：可生蚜虫
7. 推荐花盆尺寸：推荐使用高度为20厘米以上的花盆

拥有蓝色星星状花朵的充满魅力的 琉璃苣

　　朗姆每次回家乡济州岛的时候都会去如美地植物园。每当冬天去的时候，都会对在如此寒冷的环境中还能开出蓝色星星形状花朵的琉璃苣印象深刻。看来还是济州岛的暖和呀。遗憾的是，琉璃苣很难抵御其他地方的寒冷。

　　琉璃苣的叶子呈包饭包的叶子般大小。表面毛茸茸的有些吓人。只有叶子上有毛毛吗？当然不是了，茎部和花轴上都有毛毛，真可谓是香草中的大胡子啊。味道有些像黄瓜，因此可以应用到多种料理中。

琉璃苣培植

01 琉璃苣的发芽率很高，直接种植也没有什么问题，但由于它的种子比较大，因此最好先在水里泡一晚上，然后再深深地种在含肥泥炭盆中。

02 1周之后即可发出漂亮的新芽。它生长快，因此子叶很快会变大，然后长出主叶。

03 像琉璃苣这种大号种子的香草一旦长出主叶就可以直接倒盆了。先将它临时移植到小盆中。

04 10天就能长大，甚至都能长出花轴。此时将它移到混有底肥的大花盆中。

05 种子种下1个月后就会开出蓝色的琉璃苣花。光照条件好的话花萼可以变成红色。用手指轻轻拨动花蕊可有助于受精。

06 当看到最开始长出的花轴上的花凋谢时，可千万别伤感！因为叶子之间会长出新的花轴，之后会重新开出漂亮的花朵。

TIP

由于琉璃苣生长快，因此，与其多次倒盆不如直接移栽到大号花盆中。阳光充足叶子才能长得肥大，因此，在室内种植的话会很容易出现徒长现象。

效能及应用

富含钙、钾、亚油酸的琉璃苣对于感冒、解热和皮肤有很好的效果。叶子可以放入沙拉、三明治。切碎后可以加入少许到寿司、蛋黄酱中。琉璃苣的花可以用来制作香草冰或花朵沙拉、花茶等。

57

02

※ 难易度：★★☆☆☆
※ 别称：旱荷、金莲花
门类：金莲花科1年生
原产地：南美

1. 日照量：向阳地
2. 浇水量：关爱适量
3. 种子大小：豌豆粒大小
4. 播种时间：3月末～5月上旬，8月末～初秋
5. 冬季管理：冬季需在室内种植
6. 病虫害：夏季易生潜蝇姬小蜂
7. 推荐花盆尺寸：推荐使用高度为15厘米以上的宽口花盆

叶子和花都能食用的鲜艳的香草 旱金莲

朗姆第一次看到旱金莲的照片时感觉就像是一幅画。圆盾牌般的叶子看起来像是莲叶，颜色鲜艳的花瓣就像是韩服般美丽。自此就像得了相思病般地想要养它。拥有颜色鲜艳的花朵和圆鼓鼓叶子的旱金莲作为观赏用也很漂亮是吧？市内的花园里都种了很多旱金莲供游人观赏。但是，不能因为它美丽就掉以轻心。将鲜艳的花朵和叶子放入嘴里的瞬间就会惊奇地发现"啊！竟然会散发出不辣的辣椒味！"将旱金莲移植到扁盆中，让叶子向周围发散即可欣赏到美丽的盆栽。

旱金莲培植

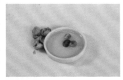   

01 旱金莲种子外面包裹着一层厚厚的皮，因此，直接种植的话会延迟发芽率。要将其放在水中泡上1～3天，去皮后再种植。

02 秋季发芽会需要很多时间，4月初的时候再次种植的话会很快发出新芽。虽然直接种在大花盆或花坛中比较好，但会降低发芽率。

03 当根部从盆底的小孔中冒出时请大家尽快分盆。

04 当它适应了新花盆之后叶子会变得繁茂。由于它具有蔓性，因此种在吊盆中可以欣赏到它的魅力。也可以插上支架。

05 旱金莲很容易插枝，只要插在土中即可长出根部。大家可以将新出的枝丫剪下来插在土中进行插枝。

06 早春播种的话晚春时节可以开花，秋季播种的话早春时节可以开花。如果在室内种植，可以用毛笔或棉棒轻轻擦花蕊使其受精。

07 受精后会结出蓝绿色的种子。待种子稍微变黄时即可采摘，然后晒干后在表面形成一层厚厚的皮即可成为旱金莲的种子。

08 旱金莲在盛夏时节很容易生潜蝇姬小蜂，叶子会随之变黄并凋谢。开过几次花之后就不会在再有花粉了。

TIP

旱金莲虽然很容易种植，但如果光照不足的话会导致叶子变小或徒长。因此一定要保证充足的光照。秋季播种虽然会比春季播种时的叶子小，但会早开花，而且还会降低发生病虫害的几率。将旱金莲在温室种植可以成为多年生植物。

效能及应用

可以食用的花和叶子在韩国经常用于制作拌饭、沙拉和三明治等食物。它富含维生素C、铁、矿物质，因此非常适合食用，而且对于败血症、杀菌、抗生作用、促进消化等方面有奇效。与蔬菜一起种植的话，可以减少蔬菜生蚜虫的几率。

在路边和吸纳草农场经常会看到很多的旱金莲，花朵有粉红色、黄色、肉色、朱黄色、红色等多种颜色。如将多种颜色的旱金莲一起种满花坛的话可以同时欣赏到不同的色彩。甚至还有就像是喷上了乳黄色颜料的品种。

朗姆是偶然在大街上采下了旱金莲的种子种在了家里，后来开出了红色、朱黄色和肉色的花朵。肉色的花朵比一般旱金莲的花瓣要更多一些，而且它也不是很容易能在市场上买得到的品种，因此非常开心。

虽然旱金莲的花色有很多，但我们在市场上买来的种子种出来的基本上都是朱黄色的花朵，在大街上最常见的颜色也是朱黄色。如果想买朱黄色之外的种子则需要到稀有种子销售网站确认颜色之后才能购买到。当然了，价格也会比一般旱金莲的种子要贵一些。

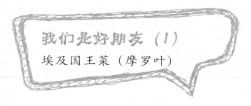

我们是好朋友（1）
埃及国王菜（摩罗叶）

　　下面向大家介绍一下可以像旱金莲一样应用到料理中，但平时的时候很难吃到的椴木科香草——埃及国王菜。在日本，它以"摩罗叶"这个名字广为人知，在韩国也慢慢随着对其的栽培而被大家所了解。

　　据说埃及国王菜曾经救过埃及国王的命，而且是埃及女王非常喜欢的一道菜，因此被誉为"国王菜"，它也被称为"奇迹蔬菜"或"神仙草"，从中我们可以看出它具有很多的功能。它富含多种营养成分，可以制成香草茶并能入菜。埃及国王菜的叶子可以预防癌症、高血压等多种疾病，同时对于预防便秘、减少胆固醇和美容也有很好的效果。

　　朗姆曾经亲自种植过，种子可以很快长出新芽，种植并不难。但是由于它的故乡埃及是非常热的地方，而韩国有寒冷的冬季，因此只能养一年。由于它的体积比较大，因此在大花盆中种上一颗也绝对可以食用很长时间。如果很好奇是什么味道的话，待其长到一定程度的时候尝一下，会发现它不但能流出白色的黏液，而且还很柔和，会散发出不错的味道。

03

* 难易度：★★★☆☆
* 门类：菊科多年生
* 原产地：南美、亚热带

1. 日照量：向阳地、半阳地
2. 浇水量：关爱适量或稍少
3. 种子大小：芝麻粒大小
4. 播种时间：4月～5月初，8月末～初秋
5. 冬季管理：冬季需在室内种植
6. 病虫害：虽然不是易发生病虫害的品种，但偶尔也会生蚜虫
7. 推荐花盆尺寸：推荐使用高度为15厘米以上的花盆

比糖还要甜的 甜叶菊

甜叶菊的甜度是白糖的100～300倍！喜欢香草的朋友不可能不关注它。朗姆为了购买一株甜叶菊的小苗而跑到了距离很远的香草农场。可能是去得太早了，所以小苗都还非常幼小。空手而归太可惜了，正好有一株种在大花盆中的甜叶菊苗，因此就买了回来。从而成了唯一一个3000元以上（18元人民币）购入的香草苗。甜叶菊虽然在浇水管理上有些麻烦，而且还不耐寒，但由于它不易生病虫害，因此种植起来也不会很难。

甜叶菊培植

01 甜叶菊种子的寿命很短，因此如果采摘后很久才种植的话会很难发芽。朗姆是播了两次种之后才发得芽。

02 当根部一露出泥炭盒就需要将其临时移栽到小盆中。20天后会长出类似于主叶的新芽，虽然很小，但是要适当的剪掉一些不必要的叶。

03 如果觉得临时移栽的盆比较小，可以再移到大花盆种。土壤中砂壤的比率比一般香草要小。

04 待长到一定程度的时候需要给其剪枝，将剪下的枝丫插在土壤中会很容易长出根部。由于对水分要求比较高，因此尽量减少叶片数量，同时用透明塑料袋包裹。

05 甜叶菊会开出如照片中的小白花。一般会在7～9月份开花，但有时5～6月份也会开。

06 甜叶菊不耐寒，因此冬季剪枝后需要移到室内种植。春季一到就会从根部长出新芽。

TIP

甜叶菊不易发生病虫害，太过干燥的条件下除外。尤其是盛夏的时候一定要注意，过湿也不好。土壤一干涸，就要在土壤全干之前浇水。如果没有浇好水的话会使下方的叶子变成褐色。

效能及应用

甜叶菊卡路里含量低，因此有利于减肥，而且对糖尿病也有一定的效果，但是其安全性还没有得到认证，因此最好少量摄取。由于是散发甜味的香草，因此可以代替白糖加入到料理中，也可以泡茶喝。朗姆一般会放在咖啡或茶中饮用。此外，将甜叶菊泡的水或粉末像油一样淋在植物上也会发挥很好的效果，这就是所谓的"甜叶菊农耕法"。

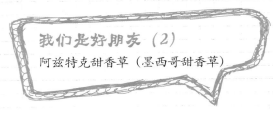

难道再也没有像甜叶菊一样能散发出甜味的香草了吗？当然有了。光听名字就能感到香甜的马鞭草科香草阿兹特克甜香草的甜味就比甜叶菊还要强。它一般会放在减肥茶"马黛茶"中充当甜味剂。很可惜的是虽然这种香草很容易种植，但是有关这种香草的幼苗和种子的相关资料却很难见得到。朗姆是通过一个非常要好的博友才得到了种子进行种植的。因为是非常难得的种子，因此在种的时候非常地紧张，即使没有几粒种子，都会发出新芽来吧？长出新芽的时候即使光照不足也不会发生徒长。阿兹特克甜香草作为香草即使光照不是很充足也能很好地成长。它的茎部不是向上长而是向下爬着长。插枝的成功率很高。叶子的一部分会染成红色或褐色，非常地神奇。

虽然会生一些温室粉虱，但它生长速度很快，短时间就能收获，还会开出白色的小花。柔软的叶子就像翅膀一样打动朗姆的心，所以不忍心将其摘下来吃掉。冬季需要注意御寒。它的发芽率很高，而且非常实用，但不知为什么很难在国内（韩国）买得到。

用水轻松培养蔬菜幼苗和豆芽的方法

如果您是刚开始种植植物，那么从种植即使放在光照不足的地方也可以一周之内即可收获的蔬菜幼苗，怎么样？菊苣幼苗、向日葵幼苗、水芹菜幼苗等香草类蔬菜幼苗就属于此类。这些蔬菜幼苗即使不用单独购买播种机也能养出很多。

★ 1）用水种植蔬菜幼苗

01 将蔬菜幼苗的种子洒在杯中的茶网上，加入水直至浸到种子。用插袋也行。

02 如果开始长出根部的话将水加到可以碰到根部即可。如果碰到茎部的话会导致腐烂。

03 平均两天换一次水，一周即可长到照片中的程度。在长出主叶之前即可采摘食用。

04 将茶网取出会发现蔬菜的根部都从孔中长了出去。除了带茶网的杯子，也可以使用带孔的柳条盘或网等工具来进行种植。

TIP

随着新芽根部的不断成长会发现白色的须根就像是发霉了一样。在盘子或杯子中铺上刷碗布或卫生纸，然后将种子撒在上面养也可以，但需要经常用喷雾剂浇水。

★ 2）用水种植黄豆芽&绿豆芽

其实黄豆芽和绿豆芽也算是蔬菜幼苗的一种。像种植蔬菜幼苗一样种植即可，但需要遮阳。

01 准备好装洋葱的网兜和生豆芽所需要的豆子、黑色塑料袋、塑料瓶或牛奶盒。黄豆芽可以用黄豆或黑豆来生。

02 将生豆芽的豆子浸泡在水中。待豆子变大时将其捞出放在装洋葱的网兜中。

03 每天给装在网兜中的豆子浇四次以上的水。洋葱网透水效果很好，因此比较实用。浇完水后一定要用黑色塑料袋盖好以阻断阳光。

04 一周之后就会长出较长的一段根部。在种植的时候，如果水多或通风不好会使豆芽腐烂掉。

TIP

需要准备塑料瓶或牛奶盒的原因是防止浇完水后水流得到处都是。如果黑塑料袋结实的话不用塑料瓶或牛奶盒也行。同理，用水壶、小锅等工具也可以。蔬菜幼苗和绿豆芽也可以用相同的方法来种植。

04

难易度：★★☆☆☆
别称：翠兰、蓝芙蓉
门类：菊科1～2年生
原产地：欧洲

1. 日照量：向阳地
2. 浇水量：关爱适量
3. 种子大小：比芝麻粒稍微大一些
4. 播种时间：3月～5月初，初秋
5. 冬季管理：冬季可在室外种植
6. 病虫害：会发生病虫害
7. 推荐花盆尺寸：推荐使用高度为
17厘米以上的花盆

秋季开始种植会开
出更加华丽花朵的 **矢车菊**

　　第一次在博友的博客中看到矢车菊的照片时就被它那单色调的花所吸引。在
很多旅游地都看了矢车菊后才知道原来矢车菊也可以在韩国种植。因此便更想养
它了，正好博友给我寄来了矢车菊的种子，圆了我的梦——那位博友给我寄来了
很多的种子。养过植物之后会深切体会到，通过分享可以让别人感觉到对方的情
感和温暖。

矢车菊培植

01 矢车菊的发芽率很高,因此即使3月中旬播种也会很快长出新芽。光照不足会发生徒长。

02 如果新芽过多则需要对其进行间苗。第一次分盆的时候需要将徒长的部分用土壤掩盖起来。这个过程也可以省略。

03 移栽2周后即可长成像图片中繁茂的模样。需要换到大花盆种才能长得更大,进而开出美丽的花朵。

04 分盆后给予充足的光照,1周后叶子即可如图片一样繁茂。从春季开始养的话,大约2个月左右即可抽出花轴。

05 5月中旬的时候会开出花朵。因为多种颜色的种子一起种的,因此可以看到粉红色、紫蓝色的花朵。

06 矢车菊受精后,花荚慢慢会变成预示着成熟的褐色。待完全成熟后可以采种,放到冰箱保存,待春秋的时候再播种。

TIP

德国的国花矢车菊只有得到充足的光照才不会发生徒长。秋季播种可以战胜严寒,待春季时会开出更加华丽的花朵。

效能及应用

矢车菊可以收紧皮肤,而且对咳嗽、炎症和肝脏有很好的疗效。花朵对眼病也有一定的疗效,因此可以用于制眼药水。可以食用,可制成沙拉、花饼、花拌饭、花茶等。

05

难易度：★☆☆☆☆
别称：青葱
门类：百合科多年生
原产地：欧洲、北美、亚洲

1. 日照量：向阳地、半阳地、半阴地
2. 浇水量：关爱适量或更多
3. 种子大小：芝麻粒大小
4. 播种时间：3月～5月初，8月末～初秋
5. 冬季管理：冬季温度适合可在室外种植
6. 病虫害：不易发生病虫害
7. 推荐花盆尺寸：推荐使用高度为15厘米
以上的花盆

当成葱来使用的 细香葱

　　第一次看到细香葱的很多朋友都会感觉"它很像大葱或韭菜"。它们只是在花朵的颜色上有所不同吗？是的！细香葱也是葱的一种，同时也和大葱、韭菜、洋葱、大蒜一样也属于香草的一种。由于它与韩国的山葱在外形和花色上都很相似，因此有很多人会误认为它是山葱。刚开始种植香草的朋友也可以在室内轻松种植。做菜的时候可以代替大葱或韭菜入菜，剪掉之后它还能继续生长，那模样是多么可爱啊！可以食用的蓝紫色花朵不仅可以观赏用，还可以制成花茶。

细香葱培植

01 3月初播种细香葱的种子即可马上长出新芽。放到阴凉温暖的地方会更好。

02 刚开始的时候可能只长出几棵细香葱来。可以先临时种到稍微小一点的盆中。

03 随着香葱的不断生长，叶子也会变粗变茂，此时需要将其移植到加入了底肥和好土的稍微大一些的花盆中。

04 细香葱的花朵与洋葱花朵一样，由多片花瓣形成的圆形。在室内种植的花朵会比户外种植的小。

05 想要用其入菜的话，可以用剪刀剪掉叶子。即使留下的部分很短也会重新长出来的，因此很好种植。

06 和韭菜一样，冬季的时候生长缓慢，待春天来临即可长出新芽。如果能多些光照则会长得比一般的葱还要粗壮。

TIP

细香葱很耐寒，韩国冬季的严寒也可以抵御。一般花朵呈淡紫粉色的比较多，除此之外还有白色和粉红色的品种。

效能及应用

富含维生素C和铁的细香葱可以增进食欲、预防贫血、促进消化。细香葱的叶子还可以加入到粥、汤、饼、沙司、三明治、拌饭等食品中。可以食用的花朵可以用于制作花茶和各种料理。

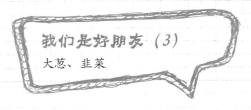

我们是好朋友 (3)

大葱、韭菜

如果买不到细香葱的种子，可以购买在很容易种植的大葱和韭菜的种子来养怎么样？

用葱根来种植大葱

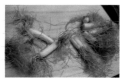   

01 大葱可以从种子开始种植，但想要养成粗壮的状态却并不容易。买来带根部的大葱，将上方剪掉，只留下根部。

02 将根部种到土壤中，然后浇上充足的水分。放置在阴凉处1～2天后移到有光照的地方。

03 1～2天后即可长出新的葱叶。也可以将根部放在水中种植，但需要两天换一次水。

04 剪掉葱叶后还能继续生长。1～2周后即可长成如购买时般大小。

用种子来种植韭菜

01 将韭菜的种子呈线型播撒在土壤中后很快即可发芽。种得多收获得也会多。

02 几天后韭菜叶子就会变多变长。刚开始的时候韭菜叶子会很细长。

03 虽然很细，但还是需要用剪刀剪下来。之后它还会长出新叶，而且越剪叶子会变得越粗壮。

04 图中是与销售的韭菜相似大小的样子。有强大御寒能力的多年生韭菜不用再次种植也能一直有所收获。

利用无土栽培来轻松
培植香草青菜

大家很吃惊用水也能养大葱这个事实吗？其实像洋葱、甜菜、红薯等香草蔬菜也可以直接用水进行种植。这些蔬菜的共同点是它们的根部或颈部都有圆鼓鼓的部分。这些圆鼓鼓的部分可以储藏营养成分，因此只用水也能茁壮成长。如果再加入一些无土栽培用的液肥会长得更旺盛。以下为朗姆推荐的无土栽培蔬菜：

⭐ 洋葱、大蒜

买的洋葱过多用不了时，可以将其放在合适的瓶子中进行无土栽培。大蒜也能像洋葱一样进行无土栽培。将长出来的洋葱苗或蒜苗剪下来可以做菜。

⭐ 萝卜类

将买来的萝卜留下一些萝卜秧子，然后切掉下部，将其放在盛有水的盘子中即可种植。萝卜秧子很快就会长成做菜吃。但需要注意的是在种植的过程中有可能生蚜虫，因此最好不要在夏天养。不仅是萝卜，像白萝卜、小萝卜等萝卜类的植物都可以进行无土栽培。

⭐ 红薯

属于香草类的红薯也不要浪费。它的叶子和茎部都可以食用。叶子很漂亮，因此可以放在玻璃瓶中观赏。剪掉无土栽培长出的茎部种到土壤中可以长出根部。其实同属香草类的土豆也可以进行无土栽培，但是由于应用的地方不是很多，因此并不推荐。

⭐ 胡萝卜

胡萝卜收获后剩下的叶子很可惜是吧？将胡萝卜的上端剪掉放在装满水的盘子中可以进行种植。不仅可以欣赏到胡萝卜茂盛的叶子，也可以看到从胡萝卜中长出根部。很多时候胡萝卜的叶子都会扔掉，其实是可以食用的。

TIP

进行无土栽培的时候需要两天换一次水，而且水只能加到根部，加入过多会导致茎部腐烂。大家都可以进行无土栽培，不妨和孩子们一起试试吧！

06

❋ 难易度：★☆☆☆☆
❋ 别称：紫花南芥、芸芥、德国芥菜
❋ 门类：十字花科1年生
❋ 原产地：地中海沿岸

1. 日照量：向阳地、半阳地
2. 浇水量：关爱适量或稍微多一些
3. 种子大小：芝麻粒大小
4. 播种时间：2月末～4月，8月末～秋天
5. 冬季管理：冬季需在室内种植
6. 病虫害：容易生蚜虫等病虫害
7. 推荐花盆尺寸：推荐使用高度为15厘米的花盆

与比萨是天生一对的 芝麻菜

　　芝麻菜是朗姆最先尝试种植的叶菜香草。是的！市场上销售的云芥其实就是芝麻菜。朗姆刚开始种的时候将它放在了窗台上，当时正处于光照不是很好的晚春。再加上那年的梅雨季很长，因此我看到了最严重的徒长。即便如此，当看到自己养的芝麻菜长出了叶子也感到非常的激动。虽然现在已经掌握了不会使其徒长的要领，但还是无法忘记第一次收获时候的情景。徒长又怎样呢？重要的是收获自己亲手种植的植物时的那种乐趣。

芝麻菜培植

01 芝麻菜的发芽率很高，即使在3月初播种也会很快长出新芽。朗姆为了节省空间将种子播撒在了盘子中，但也可以直接种在大花盆中。

02 由于会发出很多新芽，因此需要将不牢固的芽去除掉。像芝麻菜这种叶菜香草最好多播种、多间苗。

03 2周之后就会长出主叶，需要临时移植一下。此时用土壤覆盖住徒长的部分，使其看起来很壮实。

04 移植后由于芝麻菜的叶子会变大，因此需要将其移植到装有底肥和好土的大花盆中。也可以省略掉第一次的临时移植而直接倒盆。

05 大约2个月左右即可长到可以收获的程度，从外层的叶子开始收获。这样里面还能继续发出新叶。

06 待天气变暖即可抽出花轴，随后会开出十字形的花朵。如果想持续收获的话可以在抽出花轴的时候将其剪掉。

TIP

芝麻菜属于十字花科，因此开十字花型的花朵是它的特征。具有独特香气的芝麻菜叶子在幼小的时候味道比较小，而随着它不断地长大其味道也会更浓郁。

效能及应用

富含维生素C的芝麻菜有助于消化，提升肤质，促进血液循环。一般直接用新鲜的叶子做菜，也可以将叶子加入到沙拉、比萨、意大利面和三明治等食物中。

07

* 难易度：★★☆☆☆
* 别称：咖喱草
* 门类：菊科多年生
* 原产地：南欧

1. 日照量：向阳地、半阳地
2. 浇水量：少量
3. 播种时间：很难结出果实，因此一般通过插枝来进行繁殖
4. 冬季管理：冬季需在室内种植
5. 病虫害：不易发生病虫害
6. 推荐花盆尺寸：推荐使用比基本花盆大1.5倍以上的花盆

散发咖喱香气
拥有银色叶子的 **意大利蜡菊**

　　刚开始沉迷于香草的时候，每天都会去公司附近的花店。因为花店门口经常会摆放很多香草。但由于当时住在半地下室的房子里，因此所有的香草一般都不会活很长时间。因此我就和花店的大叔说："请您给我推荐一些可以在半地下室的房子中种植的香草吧！"结果大叔就给我推荐了这款意大利蜡菊。

　　虽然它可以散发出咖喱的香味，可朗姆闻起来感觉却很像咖啡香。虽然现在种植得并不是当时的小苗，可最开始闻到那种香味的瞬间却怎么也无法忘怀。

意大利蜡菊培植

01 在花市买来的意大利蜡菊花苗, 几天后将其移植到了混有砂壤的土盆中。

02 分盆后既可以看到里面长出的黄色叶子。摘掉这些黄色叶子会有助于通风。

03 去除黄叶后会看到下方长出的新芽, 待这些新芽长大即可成为另外一棵。

04 待茎部和叶子变得茂盛时需要剪枝。按照想好的形状修理会呈现自己喜欢的效果。

05 将剪下的枝条用来插枝或晒干后用来做香料。意大利蜡菊插枝成功率很高。

06 虽然不易开花, 但夏季时可以很好地接收到光照的话, 也可以开出黄色的花朵。

TIP

由于它不易发生病虫害, 因此也可以放在阳台上种植。最好让它能够接受充足的光照。叶子即使干枯也不会变色。

效能及应用

意大利蜡菊具有防虫效果, 而且对炎症和忧郁症也很有效果。它基本不被食用, 而多用于观赏。叶子晒干后可以用来防虫, 也可以用于做香薰料, 也可以作为香料入菜。

08

* 难易度：★☆☆☆☆
* 别称：无
* 门类：菊科 1~2年生或多年生
  原产地：北欧

1. 日照量：向阳地、半阳地
2. 浇水量：关爱适量或更多
3. 种子大小：比芝麻粒稍大
4. 播种时间：2月末~5月初，8月末~秋天
5. 冬季管理：有很强的御寒能力，因此冬季可在室外种植
6. 病虫害：不易发生病虫害
7. 推荐花盆尺寸：推荐使用高度为15厘米以上的花盆

拥有玫瑰般 美丽叶子的 菊苣

　　在朗姆的济州岛老家有一大片种植各种蔬菜的园子。可能是出于对香草和蔬菜的关注，在观察园子里种的都是什么蔬菜的时候发现了一种类似于生菜，但却是红色的蔬菜，这是什么呢？出于对它名字的好奇我问妈妈："妈妈！这种长得像玫瑰花似的蔬菜叫什么呀？是一种生菜吗？"妈妈告诉我那不是生菜，而是菊苣。竟然有像花一般美丽的蔬菜！当时真的是很吃惊。

　　仅仅如此吗？看到散发绿色光芒的菊苣会让人不知不觉地发出"原来蔬菜也能长得这么漂亮啊"的感叹。菊苣和生菜一样不易发生病虫害，而且也可以放在阳台养。

菊苣培植

01 菊苣的发芽率很高，因此即使在3月初播种也会很快发出新芽。可以将其直接种在大花盆中。

02 当它的根部长满盘子的时候需要进行第一次临时移栽。即使光照稍有不足也不会发生徒长，因此很容易种植。

03 菊苣的叶子长得越大其颜色也会越鲜明。此时需要将其移植到含有底肥和好土的大花盆中。

04 需要对其间苗，只需留下3棵即可。花盆越小就需要剪掉越多的苗，这样才能有利于生长。

05 分盆后菊苣的叶子会向里卷，开始结球。

06 菊苣只有长成花朵模样时才能收获。收获的时候需要从表面的叶子开始，这样里面才能长出新叶。

TIP

由于其叶子边缘呈锯齿形，因此市场上销售的菊苣的真实名称为"欧洲莒草"。在韩国并没有对菊苣和欧洲莒草有所区分，都统称为菊苣。野生菊苣一般都是多年生，但种植的菊苣一般可生长1~2年。

效能及应用

富含铁的菊苣可以强健肝和胃，有助于预防便秘和视力恢复，还可以减少胆固醇，在治疗糖尿病方面也有很好的效果。略微有些发苦的叶子可以用来包饭包，还可以加入到沙拉、三明治等食物中。根部可以煮成茶喝。

09

难易度：★☆☆☆☆

※ 别称：细叶芹

门类：伞形科1～2年生

原产地：西亚

1. 日照量：向阳地、半阳地
2. 浇水量：关爱适量或更多
3. 种子大小：与大波斯菊种子大小差不多
4. 播种时间：3月～5月初，8月末～初秋
5. 冬季管理：根部在冬季可以抵御户外的严寒
6. 病虫害：易生蚜虫
7. 推荐花盆尺寸：推荐使用高度为15厘米以上的花盆

生长速度极快的 雪维菜

　　养了这么多香草似乎都没有发现能像雪维菜般生长如此迅速的品种。回老家几天的工夫就能找出新芽，而且转眼间就能长得非常茂盛。如果最后阶段不生蚜虫的话，它可是真能成为朗姆的"一号伙伴"啊。另外，它的叶子非常漂亮，因此可以代替荷兰芹装饰食物。其实为了装饰食物我们所购买的荷兰芹会剩下很多对吧？朗姆也曾买过一次，结果剩了一半，没办法给它晒干了。用生长速度极快的雪维菜来代替荷兰芹，可以随时采摘装饰食物。

雪维菜培植

01 雪维菜的发芽率很高，即使在3月中旬播种也能很好地成长。雪维菜的种子较大，而且成长快，因此推荐将其种在含肥泥炭盒或小苗用花盆中。

02 雪维菜的主叶会很快长出来。由于根部会长出盆，因此需要临时移栽。

03 刚开始就可以将它种在大花盆中，因为很快就会长出新芽。然后再将其移植到装有底肥和好土的更大一些的花盆中。

04 如果长出很多新苗，需要间苗，只留下1～2棵即可。

05 生长迅速的雪维菜一个半月的时间即可收获。从外面的叶子开始剪。

06 随着天气的转暖会开出白色的花朵。如果想采种的话就放置不管，如果想继续收获的话可以剪掉花朵。

TIP

由于它很容易生蚜虫，因此徒长的时候最好将除了嫩叶之外的所有叶子都剪掉。即使剪掉很多也会从根部重新长出新芽来。

效能及应用

富含维生素C、铁等成分的雪维菜可促进消化、解热，在治疗咳嗽和循环障碍方面也有很好的效果，同时还可以净化血液。将雪维菜的叶子切碎后可放入寿司、各种肉菜和汤中，也可以用于制作沙拉、香草茶，还也以做装饰用。

10

※ 难易度：★☆☆☆☆
※ 别称：芸薹、盖菜
※ 门类：十字花科1~2年生
※ 原产地：中亚、地中海沿岸

1. 日照量：向阳地，半阳地
2. 浇水量：关爱适量或更多
3. 种子大小：芝麻粒大小
4. 播种时间：2月末~4月，8月末~秋季
5. 冬季管理：有一定的御寒能力，根据不同区域可放在户外种植
6. 病虫害：容易生蚜虫等
7. 推荐花盆尺寸：推荐使用高度为15厘米以上的花盆

用于制作芥子汁的 芥菜

　　一提到芥菜首先会想到的应该是辣辣的"芥菜寿司"吧？芥菜寿司是用芥菜的种子制成的，被称为芥菜的芥菜叶子可以应用到多种料理中。咀嚼芥菜可以体会到苦味及独特的香气。

　　对于朗姆来说是从邻居那里得到的种子进行了种植。因为是在室内种植的，因此发生了徒长，而且叶子也很薄，但却非常可爱。一旦将其放在阳光下，它的叶子就会变得肥厚，看来阳光真的是植物的补药哇。

芥菜培植

01 芥菜的发芽率很高，即使3月份播种也可以长出新芽。可以直接种在大花盆中。

02 1周左右即可长出主叶。

03 待第二次长出主叶的时候，根部会填满盘子，因此需要将其临时移植到小盆中。

04 追加撒入的种子发出了很多的新芽。放任不管会导致无法正常生长，因此需要剪掉不牢固的幼苗。

05 待主叶长到一定程度的时候需要将其移到大一点的花盆中。多照阳光会使叶子变得肥厚。

06 1～2个月后即可长成。从外面的叶子开始收获，里面可以继续长出新芽。

TIP

像芥菜一样的叶菜在晚春至夏季的时候很容易生蚜虫，因此最好在秋季的时候播种。它的叶子不仅有青色的，还有褐色的。可以参照芥菜等叶菜的种植方法尝试其他叶菜的种植。

效能及应用

芥菜在风湿痛、肌肉痛、抗菌等方面有很好的效果。芥菜的种子可以制成"芥子汁"等香料。可以食用的叶子可以用于包饭包，也可以加入到沙拉、三明治等食物中。

11

* 难易度：★☆☆☆☆
* 别称：大根荠菜、西洋菜
* 门类：十字花科多年生
* 原产地：欧洲，西亚

1. 日照量：向阳地、半阳地、半阴地
2. 浇水量：多浇水
3. 种子大小：比芝麻粒稍微小一点
4. 播种时间：3月~4月，8月末~初秋
5. 冬季管理：有一定的御寒能力，可在室外种植
6. 病虫害：容易生幼虫
7. 推荐花盆尺寸：推荐使用高度为15厘米以上的宽口花盆

无土栽培的典型代表 水荠菜

很多朋友都会认为"大部分香草都不喜水，浇太多水会致其死亡，真是太麻烦了"！但是大家知道吗？其实也有非常喜欢水的香草品种，即与韩国的水田芥很像的水荠菜。一听到水荠菜或水田芥会很容易让大家联想到它们都是生长在水里的吧？也正是因为这个原因，可以将它种在没有孔的花盆中，剪下个枝条插在水中也能成活。而且，即使光照不足也能茁壮生长，还可以加入到韩国很多菜式中，因此很受欢迎。

水荠菜培植

01　3月中旬种下的水荠菜种子两周后就生出了新芽。虽然不属于发芽率低的香草品种，但也只能发出一株新苗。

02　再过2周之后就会长出主叶。它的叶子摸起来就像是多肉植物一般厚实。

03　几天后，枝丫旁边即可长出根部和枝干。可以将带有根部的地方分出来繁殖。水荠菜也很容易插枝。

04　待水荠菜的根部长出盘子时，需要马上将其分盆到只有土壤，不掺砂壤的盆中。也可以放在无孔花盆中进行无土栽培。

05　夏季有可能生蚜虫或幼虫，因此需要事先喷一些天然杀虫剂。

06　随着天气的转暖，它会抽出花轴，5月中旬的时候会开花。如果希望一直能收获的话，可以剪掉花轴。

TIP

它不喜欢过于强烈的光照，因此最好将它放在稍微阴凉的地方。

效能及应用

水荠菜对于风湿、消化不良、贫血、糖尿病、感冒等病症有一定的疗效。此外，还可以加入到三明治和一些需要凉拌的菜中。也可以代替一些蔬菜幼苗来做菜。

12

难易度：★☆☆☆☆
别称：水芹
门类：伞形科2年生
原产地：地中海沿岸

1. 日照量：向阳地、半阳地、半阴地
2. 浇水量：关爱适量或稍微多一些
3. 种子大小：芝麻粒大小
4. 播种时间：2月末～5月初，8月末～初秋
5. 冬季管理：冬季需在室内种植
6. 病虫害：容易生蚜虫
7. 推荐花盆尺寸：推荐使用高度为15厘米以上的花盆

香芹
高级料理
装饰用

　　提到香芹大家首先想到的应该会是它那像烫发般卷卷的叶子吧？而且还经常会在餐厅的食物中找到它的影子。其实它可以分为叶子扁平的意大利香芹和根部像胡萝卜般圆滚的、主要以食用其根部为主的汉堡欧芹。

　　朗姆得到的是意大利香芹，与叶子卷曲的香芹相比，它的味道更佳浓郁，而且还可以应用到多种料理中，而且还能在寒冷的天气中茁壮成长。即使没有太充足的光照也能长得很好，因此只需要我们在夏天的时候注意一下病虫害即可。

香芹培植

01 虽然香芹的发芽率并不低，但也需要我们等待2周以上的时间才能长出新芽。将种子放在浸湿的棉花或卫生纸上，待长出根部再移植到土中。

02 如果发出过多的新芽则需要我们剪掉不牢靠的芽。

03 大概1周左右的时间即可长出主叶。意大利香芹与一般的香芹不同，它的叶子是扁平状的。

04 1～2周后，由于新长出的主叶逐渐变大，因此需要将其临时移植到小盆中。在长大一点的话，叶子会分裂。

05 将它们移栽到稍微大一点的花盆中，每盆一棵，则会变得如照片中一样茂盛。香芹有很强的御寒能力，因此秋冬两季也可以在室内长得很好。

06 第二年晚春的时候，它就可以抽出花轴了。如果想继续收获的话则可以剪掉花轴，如果想采种的话，就让它继续开花即可。

TIP

只有及时收获香芹的叶子才能从内侧再长出新的叶子来。如果放任不管的话叶子会变硬。在温暖的地方，冬季也可以在室外种植。

效能及应用

富含维生素C、铁、矿物质、钾的香芹具有杀菌、增加母乳、预防成人病、预防眼疾、去除口腔异味等功效。还可以作为食物的装饰，切碎的新叶或干叶可以加入到汤或炒饭等料理中。意大利香芹的叶子与鱼一起烤的话会使鱼散发出幽香的气味。此外，还可以用叶子和种子炮制成香草茶。

13

※ 难易度：★★★☆☆
※ 别称：埃斯特拉冈
※ 门类：菊科多年生
※ 原产地：欧洲、西南亚

1. 日照量：向阳地
2. 浇水量：关爱适量或稍微少一些
3. 种子大小：比芝麻粒稍微小一点
4. 播种时间：4月～5月初，8月末～初秋
5. 冬季管理：俄罗斯龙蒿根部冬季可以抵御室外的严寒
6. 病虫害：有生病虫害的可能性
7. 推荐花盆尺寸：推荐使用比基本花盆大1.5倍以上的大花盆

法式料理不可或缺的 龙蒿

很奇怪，之前朗姆一直觉得自己与龙蒿有很大的距离，它并不吸引我。而当我得到它的小苗的时候瞬间改变了我的想法。类似于法国熏衣草的叶子和沁人心脾的香味让它看起来非常漂亮。用手抚摸它的叶子会散发出诱人的香气。

其实龙蒿是法国料理中不可或缺的一种非常有名的香草。法语称为埃斯特拉冈，同时还是制作蜗牛料理时需要加入的"龙蒿醋"的主要原料。遗憾的是这种主要用于料理中的法国龙蒿很难结种，因此在韩国销售的主要是俄罗斯龙蒿。

龙蒿培植

01　秋天的时候开始种龙蒿秧。虽然也栽种了龙蒿种子，却没有发芽。

02　进入冬季，由于已有的茎会干枯死亡，因此最好事先贴根剪掉已有的茎。春天一到就会长出新的茎来。

03　1周之后，茎会长出很多。从根部新发出来三根杈，将它们分开栽种会更好地繁殖。

04　1个月之后，龙蒿的茎会长出很多，此时，将它移栽到混有底肥和沙土的土壤中。

05　如果希望它能长得茂盛些就需要剪枝。夏季最好放到稍微凉爽的地方。

06　被剪下来的茎可以活用到很多地方，大家可以试着挑战一下，将插枝移植到泥土中或水中，就可以制成新的秧苗。

TIP

　　如果不给龙蒿剪枝的话，就只能长出一根茎，这样会给人一种非常单薄的感觉。按照自己的想法将它修剪成漂亮的模样吧。

效能及应用

　　龙蒿具有解毒、促消化、抗失眠等功效。一般多用法国龙蒿作为香料加入到料理中，或者也可以放入到醋、乳酪、泡菜、油等物体中。叶子可以炮制成花草茶。

难易度：★★☆☆☆
❋ 别称：金盏菊、黄金盏
❋ 门类：菊科1～2年生
❋ 原产地：南欧、地中海沿岸

1. 日照量：向阳地
2. 浇水量：关爱适量
3. 种子大小：比豌豆粒稍微小一点的钩状种子
4. 播种时间：2月末～4月，秋季
5. 冬季管理：冬季需要在室内种植
6. 病虫害：不易生病虫害
7. 推荐花盆尺寸：推荐使用高度为15厘米以上的宽口花盆

拥有朱红色
花朵的美容良品 **金盏花**

　　金盏花是在韩国非常常见的一种香草，以至于我们会怀疑"它也是香草吗？"。春天一到，它就会将公园和街道装饰得非常漂亮，而且种植起来也很容易。种下种子后不久就会长出新芽，只需接受充足的光照即可迅速成长。花期的时候会反复不断地开开谢谢，可以长时间让我们欣赏到它的美丽。金盏花的魅力不仅如此，关心天然化妆品的朋友们一定听说过它吧，它的花叶可以加入到香皂或护肤水中，作为美容良品非常有名。它的花叶还能食用，简直就是个多面手啊。

金盏花培植

01 金盏花的发芽率很高，因此3月初播种也会全部长出新芽。种子最好在秋季的时候种。

02 待根部长到盒子外面的时候，需要将其临时移植到塑料桶中。

03 1～2周后即可长出主叶，此时需要再进行一次移植。如果花盆小的话可以只种1棵，而且最好间苗。

04 5月中旬左右就会开出朱红色的花朵了。金盏花即使凋谢了，在旁边也会重新抽出花轴的。

05 受精后，待花朵凋谢就可结出钩状的种子。刚开始的时候会呈现出绿色。

06 3～4周后种子即可成熟，并呈现出褐色。将采下来的种子放到冰箱中保存，待秋季或春季的时候拿出来播种即可。

TIP

将凋谢没能结出种子的花朵剪掉不仅看起来干净卫生，而且有助于重新开出漂亮的花朵。因此，请大家一定要将凋谢的花朵剪干净。

效能及应用

多种化妆品中都含有的金盏花，它具有美容、抗炎、杀菌、治疗伤口和治疗皮肤病的效用。可以用于制作黄色天然染料的花叶也可以食用，在制作面包的时候混入一些的话，可以使面包呈现出美丽的色泽。而且还可以加入到拌饭、花饼、花朵沙拉等料理中，也可以制成花茶，因此是我们的眼睛、嘴巴和皮肤都可以享受到的一款香草。

再介绍一下其他种类的金盏花

　　下面给大家介绍一下虽然也被称为金盏花，但却与金盏花有着明显区别的法国金盏花和非洲金盏花。在韩国，非洲金盏花被称为千寿菊，法国金盏花被称为万寿菊。两者虽然长得很像，但千寿菊的花朵要比万寿菊的花朵稍微大一些。花朵可以维持很长时间，将它们种在光照充足的街道上，可以让大家在天气变冷之前都可以欣赏到它的美丽。

　　我们一般只知道千寿菊和万寿菊是我们平时很容易看得到的花草，当得知它们也属于香草的时候是否也大吃一惊呢？轻轻抚摸主要以花为主的千寿菊和万寿菊的叶子，会闻到一种类似于艾草般的味道。这种香味是害虫所不喜欢的，因此将它们与其他的蔬菜种在一起可以防止病虫害的发生。千寿菊和万寿菊可谓是天然杀虫剂。它们的花朵对于炎症、烧伤和皮肤问题有很好的效果，还可以作为天然染料和花茶，因此别怀疑，它们真的是香草哦！大家不想得到它们吗？

用土壤来种植蔬菜幼苗
和小蔬菜

　　用水来种植蔬菜幼苗的时候，一定会有因为没有管理好水而使幼苗腐烂的朋友；没种植工具的朋友和用种植时，对于总浇水而倍感负担的朋友们吧？对于这些朋友似乎更适合用土壤来进行种植。即使是没有任何营养成分的土壤也能长出许多的幼苗。

★ 1）土壤种植蔬菜幼苗

01 将沃土或使用过一次的土壤加入到再活用容器中，然后种上蔬菜幼苗的种子。朗姆是在盆上穿出孔来进行种植的。

02 将种子种下后不用担心水的问题。如果土壤干涸的话就浇上充足的水分即可。

03 1～3天左右蔬菜幼苗就会长出根部。在根部会长出很多须根，因此看起来像生了真菌。

04 一周左右的时间就可以长到可以收获的程度了。用剪刀剪下露在土壤上方的部分即可。

★ 2）土壤种植小蔬菜

　　如果想体验到比种植蔬菜幼苗还要有意思的种植过程的话，可以尝试种植小蔬菜。将蔬菜幼苗再养一阵，待长出主叶的时候即可收获的就是小蔬菜或者是小叶蔬菜。市场上有专门销售各种小蔬菜种子的地方。

01 将小蔬菜的种子撒在像一次性塑料杯这种深的容器中。密度要比种蔬菜幼苗时小。

02 1～3天后就会长出新芽。种植蔬菜幼苗的时候会出现徒长，而种植小蔬菜的时候为了避免这种情况发生，需要将它放在阳光下。

03 如果发出很多芽的话，需要将不牢靠的幼苗剪掉。只有这样才能保证在长出主叶的时候，剩下的苗都会苗壮成长。

04 2周左右后开始长出主叶。待主叶长到大家所期望的大小的时候即可收获食用。

15

难易度：★★★★☆
别称：玫瑰
门类：蔷薇科多年生
原产地：西亚

1. 日照量：向阳地
2. 浇水量：关爱适量
3. 种子大小：最好通过插枝来繁殖
4. 冬季管理：有一定的御寒能力，可在室外种植
5. 病虫害：容易发生病虫害
7. 推荐花盆尺寸：迷你蔷薇的话，推荐使用比基本花盆大1.5倍以上的花盆

呈现极致华丽的花之女王 蔷薇

提到华丽的花朵，我们最先想到的应该就是蔷薇了，因此它经常会在花园中销售，而且还可以扎成花束作为礼物送给别人。蔷薇虽然很像是西方的植物，但实际上它是原产地在亚洲的一种香草。只是属于单瓣花的玫瑰在欧洲主要作为观赏用而被改良成了多瓣花，因此给大家造成了它是西方植物的错觉。韩国土生土长的蔷薇花就属于这个品种——公寓前方、公园等地方一年四季都长有蔷薇。在朗姆的老家济州岛，与首尔不同，冬季的时候也可以看到盛开的蔷薇。

蔷薇培植

01 蔷薇一般不通过种子来繁殖，而是通过插枝的方式。在挑选花苗的时候，最好挑选那种带有花骨朵的，这样才能长时间看到美丽的花朵。

02 买来的花苗需要分盆。将混有砂壤的土装入到土盆中，然后将花苗移植到其中。

03 摘掉下方变黄的叶子有利于通风和卫生。由于蔷薇极易发生病虫害，因此需要事先喷洒环保杀虫剂。

04 夏季到来之前为了确保通风需要进行剪枝。剪的时候可以按照自己喜欢的形状进行修整。

05 蔷薇很容易插枝。剪下的枝条最好插在砂壤等没有肥料的土壤中。

06 冬季在比较寒冷的地方，蔷薇的叶子会变成褐色而凋谢，春天一到就会长出新的叶子，因此大家不用过于担心。

TIP

观赏用的蔷薇一般都是改良品种，种植采摘下来的种子会长出完全不同的蔷薇幼苗。因此，一般都会使用插枝的方法来进行繁殖。

效能及应用

一般情况下，原种蔷薇在抗菌、美容、睡眠、稳定神经等方面具有很好的效果。而西方蔷薇的果实玫瑰果和花朵可以制成香草茶、芳香剂和香水，还可以食用。

　　蔷薇被改良出了很多品种！因此，在花型、颜色和大小上都不尽相同。近似于野生的蔷薇呈单瓣花朵，而改良后用于观赏的蔷薇大部分都呈现出华丽的多瓣花朵。朗姆更喜欢朴实的野生蔷薇。

　　正是由于有如此多的改良品种才给我们带来了很多便利。因为我们可以根据不同的地方来选择相适应的蔷薇来种植。在高墙上可以种植藤蔷薇或大号蔷薇，在空间较小的室内可以种植小号蔷薇。矮墙或小花坛中可以种植中号蔷薇，还可以根据自己的喜好选择不同的颜色来种植。

　　或许大家也想活用蔷薇吧？那么最好种植虽然略显朴素，但却可以应用到很多地方的野蔷薇，还可以品尝到美味的香草茶。

我们是好朋友（4）

树莓

　　下面介绍一下花似蔷薇花的、同属蔷薇科香草的树莓。看过名为"surprise"这档电视节目中"是真是假"这个环节的朋友也会有兴趣的。因为节目中曾经播放过关于树莓开花会得到关爱方面的内容。树莓这个名字在韩国被称为"野生草莓"。但是它与韩国的树莓只是在大小上相似，其他方面都有明显的不同。因此虽然是野生草莓，但由于被称为西方的野生草莓，因此也被叫做"树莓"。

　　树莓如同草莓一样可以生食，而且在皮肤美容、胃肠障碍、贫血、便秘等方面具有很好的效果。而且由于它的味道比草莓还要重，果实更小，因此可以用于装饰食物或用来制作果酱或沙拉。富含维生素C的叶子晒干后可以用来泡茶喝，大家是否会对这种一点都不会浪费掉的树莓眼前一亮呢？而且，它与一般的草莓一样，可以通过枝蔓轻松繁殖。它的御寒能力很强，在阴凉的地方也能生长，因此很容易种植，但可惜的是很难购买到它的小苗或种子。

16

※ 难易度：★★☆☆☆
※ 门类：伞形科1～2年生
※ 原产地：南欧、西亚

1. 日照量：向阳地、半阳地、半阴地
2. 浇水量：多浇水
3. 种子大小：比芝麻粒稍微小一点
4. 播种时间：2月～4月初，初秋
5. 冬季管理：冬季需要在室内种植
6. 病虫害：不易发生病虫害
7. 推荐花盆尺寸：推荐使用高度为17厘米
以上的花盆

适合蘸蛋黄酱食用的 旱芹菜

　　旱芹菜是平时不经常出现在餐桌上的蔬菜香草对吧？虽然有在超市中看到过，但从来没有买过。总是好奇它的味道，竟然会在超市中销售，偶然一次在餐馆中品尝到了它的味道。看到它那淡绿色圆通通的茎部感到很好奇，当蘸着蛋黄酱放入口中以后……天哪，它那独特而又鲜脆的味道瞬间充满我的口腔，而且对于它竟然能与蛋黄酱搭配而感到非常惊讶。从那之后，一看到旱芹菜就一定会买来吃。

旱芹菜培植

01 虽然旱芹菜的发芽率不是很高，但也能长出好的幼芽来。由于它不耐热，因此最好在初春的时候播种。

02 将发出很多的幼苗放任不管是不能正常生长的。因此需要将不牢靠的幼苗剪掉。

03 1个月后将其暂时移植到小盆中即可长成照片中的模样。初期成长会比较缓慢。

04 将它移到光照不是很强的地方1个月后，叶子就会变得非常茂盛。旱芹菜适合密植，这样味道会更好。

05 待旱芹菜的叶子再成长一些，茎部再变长一些时需要将其移植到大一点的花盆中。

06 旱芹菜的叶子也能食用，但一般我们主要食用的是它的茎部。随着旱芹菜的成长，它的茎部也慢慢变粗。

07 在旱芹菜的内侧会不断长出新叶。如果想吃叶子的话，可以从外层进行采摘，这样才能保证持续收获。

08 待旱芹菜长到一定程度时，为了保持它的鲜嫩程度可以用黑塑料袋、箱子或土壤来遮盖根茎，以达到阻断阳光的作用。朗姆一般会将带有涂层的饼干盒子剪开使用。

TIP

虽然有可以自动嫩化的旱芹菜品种，但对于那些没有此功能的旱芹菜来说，为了使其变嫩则需要进行阻断阳光。在大葱的根部覆上土壤使其变白也属于阻光种植。

效能及应用

富含维生素、钠、钙的旱芹菜在废物排出、血液循环、便秘、关节炎、贫血等方面有很好的效果。主要是用它的茎部做菜，也可以蘸着蛋黄酱生吃，还可以放入到沙拉、炒饭等料理中食用。大叶子可以用来装饰菜品，焯过的嫩叶和制成粉末的种子可以加入到多种料理中。

17

※ 难易度：★★☆☆☆
※ 别称：玛利亚乳蓟、牛奶蓟
　门类：菊科1～2年生
　原产地：西南欧、北非

1. 日照量：向阳地，半阳地
2. 浇水量：多浇水
3. 种子大小：南瓜子大小
4. 播种时间：3月～4月，8月末～初秋
5. 冬季管理：冬季需在室内种植
6. 病虫害：不易发生病虫害
7. 推荐花盆尺寸：推荐使用高度为20厘米
以上的花盆

拥有可爱牛奶花纹的 乳蓟

　　大叶子的边缘虽然长有吓人的刺，但叶片上却呈现出神奇的牛奶花纹，朗姆被它那白色的花纹所吸引，因此开始了种植乳蓟。从它的名字就能感受到为什么会叫"乳蓟"吧？对于它名字的由来有这样的传说，"圣母玛利亚的乳汁滴落到了它的上面形成了这样的花纹"。因此被称为"玛利亚乳蓟"。遗憾的是有很多人因为它叶边的刺而放弃了养它的念头。朗姆在种植的过程发现，随着它的刺变锋利会很难分盆。因此一定要在它的刺变锋利之前将其移到大花盆中。千万不要忘记哦！

乳蓟培植

01 由于乳蓟的种子较大，因此需要先在水中浸泡1天再种。当然了，直接种的发芽率也是很高的。

02 即使在3月份播种，几天之后也会长出嫩芽来，而且会长出子叶来。

03 2周后主叶会长出，此时需要将其临时移栽。此时还会第二次长出新芽。

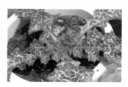

04 待叶子长到一定程度，刺变锋利之前需要将其移植到大花盆中，每盆1棵。移植后它的叶子会更大，而且刺也会越锋利。

05 播种2～3个月以后开始缓慢成长，而且还会抽出花轴。叶子上不会出现蚜虫，但在花轴上会聚集很多蚜虫。

06 花轴抽出1周后，会开出粉红色如同大蓟菜一样的花朵。花托上会出现锋利的刺，因此一定要小心。

07 受精结果后，待果实成熟花托会变成黄色。在花瓣落下的地方会看到类似于毛毛的东西。

08 剪掉变黄的花托，然后仔细分离种子。由于花托上的刺很锋利，因此将刺剪掉之后再采摘会更方便。在种子上会沾有像蒲公英绒毛一样的东西。

TIP

炎热的夏季，下方的叶子有可能发生褐变。在光照特别强的时候，最好将其移到阴凉的地方。采种的时候为了不被刺到，最好戴上手套。

效能及应用

乳蓟中含有可以强化肝功能的水飞蓟宾，因此可以预防肝病疾患，而且在消除宿醉、促进母乳、提高精力、预防高血压方面有很好的效果。也可以用做兽药。将乳蓟的种子炒制一下可以制成香草茶，叶子碾碎可以泡水喝，也可以吃鲜叶。所有的香草都是一样的，不可多食。

大蓟菜

洋蓟

看到乳蓟的花大家一定会说："啊，怎么长得和总能在山上看到的大蓟菜一样呢？"这样的想法吧？是的！因为乳蓟和大蓟菜是亲戚关系，因此长相会很相似。花朵可以做菜的洋蓟也是相同的种类。

大蓟菜是常见的野生花，但想要亲眼看一下长得什么样则需要仔细的寻找，不知道它们会隐藏到哪里。为了能亲眼见到大蓟菜的花，从初春开始就在寻找，慢慢地就忘了这回事，旅行的时候竟然在旅游地偶然发现了它。真是想看的时候找不到，不想看的时候它自己就会出现啊。

大蓟菜对肝脏很好，在预防高血压、止血、治疗跌打损伤等方面与乳蓟具有相同的效果。尤其是在韩国，如果说对精力方面有利的话大家都会喜欢的，大蓟菜也有利于精力恢复。然而大家都很好奇对身体如此之好的大蓟菜该如何食用吧？大蓟菜的叶子、花朵、根部和种子都可以作为茶来饮用，叶子也可以拌着吃，广为人知的蔬菜拌饭就是用"高丽大蓟菜"的叶子拌成的。

多肉植物中
也有香草

提到多肉植物，大家首先想到会是"即使不经常浇水也能长得很好"吧？由于即使一个月以上不浇水也能成活，因此非常适合那些不喜欢浇水的朋友和经常不在家的朋友们。但是大家知道吗？在多肉植物中也存在有利于身体的香草种类。既可以种植多肉植物，又能将其活用，真可谓是一举两得啊。

芦荟

芦荟具有杀菌、抗菌的效果，而且还可以美容皮肤，因此经常会用于做化妆品。朗姆小时候每次去海边回来都会在皮肤上抹上点芦荟。养过芦荟的朋友会发现，在主体的旁边会生出小芦荟，将其分出来可以实现繁殖。经常浇水会导致过涝，因此一定要注意。

马齿苋

马齿苋其实是经常能在田间看到的杂草。然而这种在田间令人头疼的马齿苋中，却含有对糖尿病、肥胖、便秘和预防乳房癌有很好疗效的。而且与其他多肉植物不同，它可以像一般花草一样浇水，而且由于它的根部可以储水，因此长时间不浇水也能成活。一直被我们认为是杂草的马齿苋，现在开始就将其拔下来用来制作拌菜、沙拉等食物怎么样？

瓦莲花和瓦松

在韩国，瓦莲花经常生长在岩石或房子的瓦片上，也成为"瓦松"。它在治疗伤口、解毒、治疗烧伤等方面具有很好的效果，将叶子剪下敷在伤口上即可发挥效果。其中，在抗癌方面有奇效的具有长长的披针形叶子的瓦莲花在市面上广为销售。在海外，与瓦莲花长得很像的"石莲花"作为香草也广为人知。

丝兰

对于朗姆来说经常会看到丝兰浓缩物被应用到沐浴露、洗面奶等中，因此并不陌生。其含有丝兰的皂角可以抗菌，也可以作为胃肠药和治疗关节痛的药来使用。朗姆是通过博友的分享而得到的种子，很快会长出幼芽，非常吃惊。而且它能抵御梅雨，因此可以种在室外。

TIP

多肉植物经常浇水会导致过湿而烂掉，而且光照不足会出现徒长，因此在种植的时候不需要太多关注。

18

※ 难易度：★★★☆☆
※ 别称：三色堇菜、三色蝴蝶花
※ 门类：堇菜科1~2年生
※ 原产地：欧洲

1. 日照量：向阳地、半阳地
2. 浇水量：多关爱多浇水
3. 种子大小：芝麻粒大小
4. 播种时间：初夏～初秋。由于它不耐寒，因此最好在秋季播种
5. 冬季管理：冬季需要在室内种植
6. 病虫害：容易生蚜虫
7. 推荐花盆尺寸：推荐使用高度为15厘米以上的花盆

预示着春天到来的 迷你三色堇

　　春天的时候，它会最先被种在路边。它的花期很长，一直能开到夏天。

　　如果想鉴赏用的话会有在大小上截然不同的种类。同时还有开着小花的迷你三色堇。与改良后供观赏用的三色堇相比，朗姆更喜欢秀气的迷你三色堇。仔细观察，那心形的小花是多么的可爱啊！如果您一直都是在用眼睛观赏它的话，那么现在您可以将其活用到料理中，会提升料理品质的。

迷你三色堇培植

01 迷你三色堇的种子属于喜暗种子。因此播种之后需要用土将其覆盖上，然后移到黑暗的地方，或者用报纸遮上。

02 待长出主叶后将其临时移植到了穿有小孔的再活用塑料容器中。

03 厚实的主叶很繁茂。如果再分一次盆会长得更好。如果新芽过多则需要间苗。

04 迷你三色堇春天的时候会开出拥有三种颜色的小花。而且花朵可以保持很长时间。

05 一般夏季受精后会结出子房，待变成褐色成熟后即可采种。如果放任不管的话，子房会爆裂，种子会飞出来完成繁殖。

06 现在我们会看到很多观赏用的、花朵很大的三色堇。这类香草也可以用种植迷你三色堇的方法来进行培植。

TIP

如果错过了播种的最佳时节，则需要在天气变热之前迅速完成种植，然后将其放到阴凉的地方管理。三色堇类的香草香气越热越容易衰弱。

效能及应用

迷你三色堇在治疗风湿性关节炎、各种皮肤问题以及防老化方面有很好的效果。它的花朵主要来做菜，也可以加入到拌饭和沙拉中。叶子和花可以用来沐浴、洗头，也可以制成花茶。

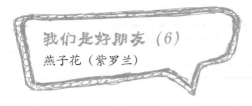

我们是好朋友（6）

燕子花（紫罗兰）

　　下面为大家介绍一下与迷你三色堇同属同一种类的燕子花。由于经常会看到它的身影，因此一直以来都被我们认为是野生花或杂草，没想到竟然会是香草，很神奇吧？燕子花在治疗神经疾患以及肝脏疾患、解毒、抗菌、眼球疾患、关节炎等方面也具有很好的疗效，因此它当然属于香草了。叶子、根部和花朵可以用来炸、凉拌，还可以当成茶来饮用，而且还是天然染料。其中广为人知的应该是能散发出迷人香气的"紫罗兰"啦。

　　之所以称其为燕子花是因为它是在燕子飞回来的时候开放的，而且无论是形状还是颜色都与燕子像似，因此才得名的。也许正是由于这个原因，每到春天燕子飞回来的时候，我们都能很容易找到开放的小花。由于花朵呈现出深紫色，因此在西方被称为了紫罗兰。但是被称为紫罗兰的原因有多种传说。希腊神话中的宙斯爱上了名为欧罗巴的女子，但由于妻子的嫉妒而将那名女子变成了牛。当时，为了喂变成牛的少女，将这种开着花的植物命名为了带有这名少女名字的紫罗兰。

推荐在阳台上种植的
料理用香草

大家还在为想养香草，但阳台的阳光无法好好照射，而香草不能很好成长而烦恼吗？其实香草是有很多种类的！大家不妨挑选那些不需要太多光照也能长得很好的香草来进行种植。如果还能用来做菜那就更好了是吧？因此，接下来朗姆将向大家介绍几种可以在阳台种植的料理用香草。

★ 紫苏

最适合在阳台上种植的料理用香草当属紫苏！它的种子是香草种子中最容易购买到的，而且可以应用到比萨、意大利面等料理中，因此只要稍微用一点心的话就能养成功。紫苏不需要太多的光照，难道不是值得我们养的香草吗？

★ 迷迭香

最容易买得到小苗的香草当属迷迭香。在很多小区花坛中也能看到它的身影。它不仅漂亮，有浓郁的香气，而且还很实用，怎么不让人喜欢呢？虽然迷迭香也能在阳台种植，但如果通风不好会导致染上白粉病，因此要多加注意。

★ 叶菜香草

大家知道叶菜中的芥菜、菊苣、生菜、芝麻叶、芝麻菜、细香葱等都是香草的事实吗？叶菜的特点是成长快，而且即使出现徒长也能食用。由于大部分都是1年生，因此在收获几次之后可以重新种植，可以在没有任何负担的情况下在阳台种植。不妨试试细香葱和芝麻菜，尤其是细香葱，在光照不足的地方也能很好地生长。

★ 旱金莲

其实旱金莲如果光照不足叶子很容易变小，因此并不太适合在阳台上养。但是由于它的花朵很漂亮，可以用来观赏，而且叶子可以应用到多种料理中，所以才向大家推荐的。另外，除了夏季，其他时节都很容易打理。可是由于光照不足会导致叶子变小怎么办呢？即使这样，它也是非常实用的美丽香草！

★ 柠檬香薄荷，猫薄荷

柠檬香薄荷与猫薄荷的叶子形状相似，而且即使光照不足也能很好生长。那它们中哪一个更容易种植呢？我个人认为猫薄荷会更容易养些。将种子随便撒在花坛里也能长出幼苗，发芽率很高。但是柠檬香薄荷的实用度会更高一些，而且味道更好，很受大家的欢迎。

19

难易度：★★★☆☆
别称：待霄草
门类：柳叶菜科2年生
原产地：美洲

1. 日照量：向阳地、半阳地
2. 浇水量：砂壤多浇水
3. 种子大小：芝麻粒大小
4. 播种时间：4月～5月初，8月末～初秋
5. 冬季管理：在户外以花环的形式抵御严寒
6. 病虫害：虽然也出现病虫害，但自身的抵御能力很强
7. 推荐花盆尺寸：推荐使用高度为17厘米以上的盆

夜间开放的 神奇的 **月见草**

　　月见草由于多用于美容产品中而广为人知。生活在乡下的朋友们会经常看到长在草地里的月见草吧？但是，月见草在韩国并不是野生花，而是繁殖能力非常强的香草。朗姆在江边散步的时候，当看到开放在黑暗草丛中的月见草时才真实感受到了它也是香草这个事实。虽然现在也出现了改良的可以在白天开放的月见草，但是对于夜间才开放的野生月见草的那份神奇还是充满了感叹。清晨来临，伴随着太阳的生气，它会慢慢隐去自己的花朵，真是一种珍贵而神奇的花朵啊！

106

月见草培植

01　本以为月见草的发芽率会很高，但令人意外的是并不是这样的。等待2周之后才会发出一个新芽。

02　待月见草长出主叶的时候，则需要将其临时移植到小花盆中。

03　月见草的生长速度相当快，1周之后叶子会更加茂盛。

04　叶子长出了小盆。需要再分一次盆。

05　叶子可以耷拉到地面上，第二年春天一到，茎部会变长，而且还会开出几朵花。

06　月见草的花期是晚春至夏季。现在我们还经常会看到经过改良，白天也能开花的黄金月见草。

07　这是经常能在路边看到的野生月见草。与改良的黄金月见草相比花朵会更小一些。

08　月见草的花并不是只有黄色，还有可以在白天开放的改良过的粉红月见草。

TIP

月见草在冬季的时候，叶子会贴到地面上形成环形来抵御严寒。此时的叶子会变红，也会凋谢。环形形态的植物还有蒲公英等。

效能及应用

一般未经改良的月见草会作为香草被广为应用。在治疗更年期障碍、关节炎、皮肤问题、炎症、防老化、减肥等方面有很好的效果。花朵可以用来制作炸花、拌饭、沙拉等食物，种子可以用来榨油，还可以用来制作香草茶和天然染料。

20

難易度：★★★★☆
別称：西当归、韩国欧当归
门类：伞形科2～3年生
原产地：韩国

1. 日照量：向阳地、半阳地
2. 浇水量：多关爱多浇水
3. 种子大小：比南瓜子稍微小一点
4. 播种时间：湿润状态下冷藏后
4～5月初播种
5. 冬季管理：有一定的御寒能力，
可在室外种植
6. 病虫害：虽然也能发生病虫害，
但自身的抵御能力很强
7. 推荐花盆尺寸：推荐使用30厘米
以上的花盆

适合
包肉吃的 当归

　　朗姆是在小区附近的肉店第一次吃到用当归叶子包成的饭包。当归叶子那种独特的香味让我难以忘怀。因此怀着这是地产的品种，一定很容易养的想法开始了种植。但与最初的想法不同，等了很长时间都没见它发芽。难道它是喜水的？因此又将它的种子放在了浸湿的棉花上，经过几周悉心照顾终于发出了新芽。此后，当在饭店看到含有当归叶子的沙拉或用当归叶子包的饭包时，都会非常珍惜地食用——因为当归的叶子在销售之前都需要非常小心地照料。

当归培植

01 当归很难发芽。因此需要将种子放在浸湿的化妆棉或卫生纸上,然后再放在冰箱里低温保存后再进行播种。

02 将长出一点儿根部的种子移植到土壤中即可长出新芽。将种子直接种在土壤中是不会长出新芽的。

03 等待1个星期后即可长出小小的主叶。几天后需将其临时移植到小盆中——当归初期生长是很缓慢的。

04 如果想让当归的叶子长得再大些,需要将其分盆到混有充足底肥的大花盆中。由于当归的根部具有药用价值,因此最好将其种在深一些的花盆里。

05 当归的叶子可以长到这么大,可以用来包饭包吃了。

06 从当归的内侧又长出了新叶,新叶的形状也很让人喜欢。

TIP

由于当归会长得很大,因此一定要注意追肥,推荐将其种在地里或大一点的花盆中。根部最好在第二年的时候再收获,如果抽出花轴会减小药效,因此如想持续收获需要剪掉花轴。

效能及应用

对于女性非常好的当归,在治疗贫血、痛经、妇科病、血液循环、便秘、脱发等方面有很好的效果。叶子可以用来包饭、做沙拉、炸制。其根部可以煎成茶来饮用。

当归作为包饭用的蔬菜、沙拉、中药广为人知。在韩国当归一般被称为"西当归"，市场上作为包饭用的品种是比西当归便宜的土当归。西当归的叶子和根部可以用做药材，而且它会比土当归占用更多的空间，因此如果空间狭窄的话，建议种植土当归。

　　在韩国当归作为香草属于欧当归类的。因此，当归又被称为"韩国欧当归"。

01　欧当归

　　在疫病广为流行的时候，出现在修道士梦中的天使对他说欧当归可以治病，欧当归这个名字由此得来。欧当归属于欧洲香草，与当归相同，欧当归也可以用来包饭、做沙拉、制成香草茶，而且对于贫血、抗菌有很好的效果。

02　明日叶

　　明日叶的原产地是温暖的美国关岛，由于它具有预防癌症的作用，因此逐渐被人们所知。刚开始的时候觉得它很陌生，但有一次偶然在花市上看到它之后才知道"原来有很多人在养它啊！"。明日叶的叶子也可以用来包饭、做沙拉、拌着吃，如果想发挥它的药效的话最好榨成汁来饮用。

TIP

　　与欧当归很相似的香草还有拉维纪草——朗姆曾经养过，刚长出来的主叶与当归很像。因此在知道它是与欧当归完全不同种类的学名之前一直以为它是欧当归的一种。它可以用来包饭、制沙拉。

　　下面向大家介绍一下可以像当归一样包饭的生菜！大家一定对可以包饭用的生菜竟然是香草这个事实感到新奇吧？虽然现在销售的生菜药效大大降低，但还是在镇定、睡眠、失眠、炎症、跌打损伤方面有很好的疗效。不是都说白天吃生菜容易打瞌睡吗？这正是因为生菜具有诱导睡眠的作用。

　　如果大家想在阳台或屋顶种植蔬菜的话，朗姆最想推荐的就是生菜。这并不是因为周末去农场种植最多的是生菜，而是因为与其他蔬菜相比更不易出现病虫害，而且还很容易种植，可以在阳台很好地成长，并且也可以用种植菊苣相同的方法来进行培植。但是，如果说生菜容易管理就需要从小苗开始种。因为如果从种子开始种植会很容易出现徒长，管理起来非常麻烦。而且它属于有光照才能发芽的品种，因此在播种的时候不能覆土。如果您是刚开始尝试种植蔬菜的话，那么从购买生菜小苗开始如何呢？生菜分为圆生菜、橡树生菜、裙带生菜等很多品种，大家可以根据自己的喜好来选择种植。

21

加入到越南米粉中食用的 胡荽

　　胡荽是朗姆唯一排斥的香草！很多人都因为它那刺鼻的味道而不喜欢它，它那椿象般的腐臭味让我失去了养它的自信。我将最初种植的胡荽苗送给了别人，而且也没有再次种植的意愿。但也许是象征着要和胡荽搞好关系的意思吧，我又一次作为礼物收到了胡荽苗。因此趁此机会希望能与胡荽更加亲近而忍受它的味道而吃它。难道是对我忍耐的报答吗？我忽然明白了胡荽为什么会成为世界闻名的香辛料的理由。现在我变得非常喜欢它，以至于每次去越南米粉店都一定会放胡荽才行。

胡荽培植

01　圆圆的胡荽果实中会有2颗种子。需要将它分成两半来种，用水泡1～2天很会容易弄开。

02　胡荽的发芽率很高，即使在3月播种也能马上长出新芽。由于胡荽很容易发生徒长，因此要尽快将它放在阳光下面。

03　2周以后就会长出很多的主叶。将它分盆到混有底肥的好土中。

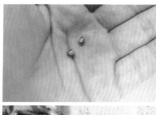

04　图中是发芽1个月以后的胡荽叶。胡荽的叶子变得很长，而且数量也变多了。如果新芽过多则需要间苗。

05　播种1个半月之后就会非常茂盛，可以进行收获。收获的时候需要从外层的叶子开始，这样才能继续从里侧长出新叶来。

06　随着天气的转暖，它会开出白色的花朵。如果想继续收获的话，需要剪掉花轴。如果想采种就让它继续开花。

TIP

大家在购买蔬菜种子的时候会看到许多红色、绿色等多种颜色的种子，新手很容易会误认为种子原来的颜色就是这样的。而实际上这种种子原来都是黑色、驼色、褐色的，经过消毒后才变了颜色。胡荽种子原本是驼色的，但一般我们买来的基本上都是红色。

效能及应用

胡荽在治疗胃肠炎、促进食欲、风湿性关节炎等方面有很好的效果。它的叶子可以加入到越南米粉、越南包饭、拌菜、沙拉中。种子可以制成香草茶、食醋等，捣碎可以作为香料来使用。当然了，过度服用是不好的。

22

※ 难易度：★☆☆☆☆
※ 别称：地榆、西洋地榆
※ 门类：蔷薇科多年生
※ 原产地：欧洲、西亚

1. 日照量：向阳地，半阳地
2. 浇水量：关爱适量或稍微少一些
3. 种子大小：豌豆粒大小
4. 播种时间：3月~5月初，8月末~初秋
5. 冬季管理：有一定的御寒能力，可在室外种植
6. 病虫害：不易发生病虫害
7. 推荐花盆尺寸：推荐使用高度为15厘米以上的花盆

散发出浓郁黄瓜清香的 小地榆

　　如果想种植可以用到料理中而且还不是很常见的漂亮的香草，不妨试试小地榆。长叶柄上的叶子不知道有可爱！而且叶子的香气和味道很像黄瓜，因此也被称为西洋地榆。它是非常适合放在沙拉里的香草，因此朗姆也经常将收获的叶子放到沙拉中，由于不能长时间地保持收获，叶子都变硬了，结果没能全吃掉。为了能品尝到美味的沙拉，最好还是收获嫩叶吧。

小地榆培植

01 小地榆的发芽率很高，没几天就能长出如此多的新芽。

02 将这么多的新芽都放在那里会导致它们不能茁壮成长，因此需要间苗。

03 发芽1周以后即可长出主叶，在依附在主叶上的叶轴上会长出长长的绒毛。

04 待叶子长得很茂盛时将其暂时移植，之后再进行分盆。下方会有变黄的叶子，因此需要我们将它们摘掉。

05 小地榆的叶子都长在了长长的叶柄上。从外层的叶子开始收割才能在内侧持续长出新叶来。

06 小地榆的花骨朵聚集在一起开出圆圆的花朵。花粉很多，以至于都落到了叶子上。

TIP

叶子时间长会变硬，吃起来很不舒服。因此需要我们在它长大之前就要摘下来食用。花期的时候如果想继续收获则需要剪掉花轴。

效能及应用

富含单宁酸和维生素C的小地榆在止血、促进消化，治疗腹泻、忧郁症等方面有很好的效果。可以放到沙拉、寿司、黄油和香草醋中，此外还能用来装饰食物，制成香草茶。

23

难易度：★★★☆☆
别称：荷兰菊花、纽约紫菀
门类：菊科多年生
原产地：南欧、西亚

1. 日照量：向阳地
2. 浇水量：砂壤适量或稍微少一些
3. 种子大小：比芝麻粒要小一些
4. 播种时间：3月～5月初，8月末～初秋
5. 冬季管理：有一定的御寒能力，可在室外种植
6. 病虫害：能发生病虫害
7. 推荐花盆尺寸：推荐使用高度为17厘米以上的花盆

小巧玲珑的 荷兰菊

　　整体上给人一种与菊花非常相似的感觉，因此也被称为荷兰菊花！一般都作为观赏用，而且它具有防虫效果，是害虫都不喜欢的香草。但奇怪的是朗姆每次养的时候偶尔会发生病虫害，为了消灭害虫而大伤脑筋。看到小小的新芽慢慢长大的时候都会为它的叶子上出现害虫而备受折磨，而且有一年还因为梅雨季节过湿而导致凋零。

　　但即使这样我还没有放弃的原因是就算失败了，只要重新播种就会很快长出新芽，而且它那小小的花朵也是朗姆所不能忘怀的。

荷兰菊培植

01 荷兰菊的发芽率很高，即使3月中旬播种也能发出新芽。

02 1个半月之后主叶就会长出很多，因此需要将其临时移植到小花盆中。

03 荷兰菊的叶子长大变多了。此时需要将其分盆到更大的花盆以保证其能很好地成长。

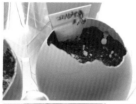

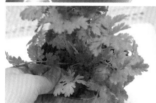

04 荷兰菊下方的叶子变黄了，为了保持良好的通风和卫生需要将它们摘掉。

05 仔细观察下方会发现长出了新的小苗，将新出的小苗分出来可以用来繁殖。

06 从晚春到盛夏，荷兰菊会开出白色的花朵。这种小小的花朵真是充满了无限的魅力啊。

TIP

即使它的发芽率再高，大家也要遵守它的播种时期，这才是防止病虫害和预防梅雨季节过湿的捷径。由于新苗非常小，因此一定要小心。冬季会凋零，但到春季的时候又会长出新芽。

效能及应用

荷兰菊在治疗偏头痛、风湿性关节炎、皮肤恢复等方面有很好的效果。虽然主要用于观赏，但它的花朵和叶子可以制成香草茶，还可放在洗澡水中，晒干之后可以用来防虫，制作芳香剂。嫩叶也可以入菜，但由于味道有些苦，因此只需使用一点即可。不能过度服用，孕产妇最好不要食用。

24

* 难易度：★☆☆☆☆
* 别称：洋绣球，驱蚊草
* 门类：牻牛儿苗科多年生
* 原产地：南非

1. 日照量：向阳地，半阳地，半阴地
2. 浇水量：关爱稍微少一些
3. 种子大小：芝麻粒大小
4. 播种时间：4月～5月初，8月末～初秋
5. 冬季管理：冬季需在室内种植
6. 病虫害：不易发生病虫害
7. 推荐花盆尺寸：推荐使用比一般花盆大
1.5倍以上的大花盆

在阳台也能 苗壮成长的 天竺葵属植物

　　大家对天竺葵这个名字很陌生吧？但大家一定听过可以驱逐蚊子的"驱蚊草"吧。驱蚊草就属于天竺葵属植物！天竺葵属植物有很多的喜好者，在花园中我们很容易会发现它的身影。其中天竺葵的香气最大，可以浓缩成精油。

　　朗姆一直都将精力放在了可以食用的香草身上了，但却逐渐被天竺葵的魅力所吸引。可以在阳台或窗台上种植，而且还不易发生病虫害，怎么会不让我喜爱呢？

天竺葵培植

01 将去年插枝繁殖的天竺葵移植到了新的花盆中。天竺葵很难采种，因此主要从小苗开始。

02 从4月末到5月初，随着天气的转暖天竺葵开出了粉红色的花朵，比一般天竺葵属植物的花要小一些。

03 天竺葵的叶子在夏天的时候会出现部分的凋零，大家需要将变黄的叶子摘掉。

04 夏天一过需要将老枝丫或坏掉的枝丫剪掉，使其能长出新枝。光照越好叶子会越茂盛。

05 将剪下来的枝丫下端剪成斜线，干燥半天到1天后插到土中会很容易完成繁殖。插到土里比插在水里的效果要好。

06 一般天竺葵属植物用同样的方法来种植即可。它们经常会开出美丽的花朵，很适合做观赏用。大多叶子的香味并不是很好。

TIP

天竺葵在插枝的时候不能只剪掉叶柄部分，而是需要将中间部分与叶子一起剪掉之后再插。小苗上抽出花轴的话可以将其剪掉，以保证叶子能够茂盛地生长。

效能及应用

被经常应用到香水、美容精油中的天竺葵在妊娠安定、皮肤炎症、荷尔蒙调节、皮肤保湿以及恢复皮肤弹力等方面有很好的效果。家庭里一般都养来观赏，但它的叶子晒干后可以用来制作芳香剂、防虫剂，而且还可以放到洗澡水中，也能用来洁面。

介绍一下天竺葵属植物的种类

　　天竺葵属植物有很多种类，不同的品种其香味、叶子形状以及花朵形状都不尽相同。一般很多人都会种植可以驱蚊的天竺葵，但大家一定要尝试一下其他品种的天竺葵。种植的方法基本相同。

01　天竺葵薄荷

　　天竺葵薄荷属于叶片颜色浓重却又不失柔和的一款天竺葵属植物。天竺葵薄荷具有薄荷的清香，叶片上充满了绒毛，给人一种非常柔和的感觉。

02　大花天竺葵巧克力

　　大花天竺葵巧克力的叶片形状与天竺葵蔷薇非常相像！听到这个名字会让人以为它能散发出巧克力的香气，但实际上是因为它的叶脉有巧克力颜色的像西瓜一样的线。

03　豆蔻天竺葵

　　豆蔻天竺葵拥有心形叶片和白色小花，与可以散发出苹果清香的苹果天竺葵的叶片很相似，但它更小一些。清新的苹果香混入爽口的汽水香让它充满了无限的魅力。

04　柠檬天竺葵

　　拥有柔和淡绿色叶片的柠檬天竺葵，正如它的名字一样，用手轻轻抚摸它的叶片即会散发出如柠檬般清醒的香味。花朵呈粉红色的球状。如果您喜欢清爽的柠檬香，那不妨试一下呦。

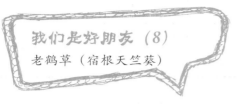

您还在为天竺葵属植物在冬季需要在室内管理感到可惜吗？那么下面我将为大家介绍一下可以在户外过冬的韩国的香草——老鹤草。在家养来作为观赏用的老鹤草可以通过它的根部来越冬，因此又被称为"宿根天竺葵"，它还有叶片稍微大一些、花朵颜色比较独特的海外品种。

老鹤草由于它那朴实的外表让人感觉它并不是香草，仔细观察老鹤草的叶片和花朵难道没发现它与天竺葵非常相似的部分吗？它结种的样子与天竺葵简直是如出一辙。与华丽的香草比起来朗姆更喜欢朴实的香草，因此自然会对老鹤草情有独钟。作为分享礼物我得到了在叶片上拥有黑色圆形花纹的老鹤草，之后开始种植，但却像是遇到了强盗——它竟然得到了博友们的喜爱，因此我又将它的小苗分享给了博友们。

老鹤草中含有单宁酸，因此在治疗肠炎和伤口方面有很好的疗效，而且在治疗痢疾的时候一般会称为痢疾草。怎么看它的功效都比一般的天竺葵属植物要出众，难道不是吗？

25

* 难易度：★★★★☆
* 门类：马鞭草科多年生
* 原产地：南美

1. 日照量：向阳地
2. 浇水量：关爱适量
3. 播种时间：与种植种子相比，它更容易通过插枝的方法来繁殖
4. 冬季管理：冬季需要在室内种植
5. 病虫害：易发生各种病虫害
6. 推荐花盆尺寸：推荐使用比一般花盆大1.5倍以上的大花盆

充满浓郁柠檬香的 柠檬马鞭草

　　柠檬马鞭草是那种你一旦闻到了它的香气就马上会买回的香草。朗姆也是在寻找香草苗的时候被浓郁味道所吸引而买了回来。虽然有很多品种的香草含有柠檬的味道，但当你闻到柠檬马鞭草味道的瞬间你就会觉得其他的一切都不算什么。而且与其他香草不同，它的叶子会长得很长，这更让它充满了无限的魅力。

　　但对于柠檬马鞭草来说也有致命的缺点，也许正是由于它浓郁的香气才会导致极易发生病虫害。不过它的确是一款很吸引人的香草，大家不妨一试哦！

柠檬马鞭草培植

01 柠檬马鞭草的发芽率很低，而且种子的价格也很昂贵，因此一般都会从小苗开始种植。需要将买回来的小苗移植到比基本花盆大1.5倍以上的大花盆中。

02 待枝丫长到一定程度的时候需要剪枝，将其修剪成自己想要的形状。对于极易引发病虫害的柠檬马鞭草来说会经常生蚜虫。

03 将剪下的枝丫插到水中或土壤中会很容易长出根部。叶子可以直接作为香草茶来饮用。

04 神奇的是在剪枝之后，它不是长出2根枝丫，而是会再长出3根枝丫。

05 晚春或初夏的时候会开出很多白色的小花。柠檬马鞭草很难采摘到种子。

06 不具备耐寒性的柠檬马鞭草在冬季的时候需要挪到室内种植。虽然叶子会全部掉光，但春天一到就会发出新叶来。

TIP

柠檬马鞭草与迷迭香和熏衣草相比根部并不粗壮，但叶子会更大一些。剪枝后如果无法支撑的话可以使用支架。

效能及应用

柠檬马鞭草在促进消化、安神、感冒、偏头痛、皮肤美容等方面有很好的效果。主要会制成香草茶，也可以入菜提香。市面上还有销售含有柠檬马鞭草浓缩液的化妆品和香水。

26

* 难易度：★★☆☆☆
* 别称：华花郎
* 门类：菊科多年生
* 原产地：欧洲、韩国

1. 日照量：向阳地、半阳地、半阴地
2. 浇水量：砂壤适量
3. 种子大小：比芝麻粒大一些
4. 播种时间：4月～5月初，8月末～初秋
5. 冬季管理：户外以环形越冬
6. 病虫害：不易发生病虫害
7. 推荐花盆尺寸：推荐使用高度为17厘米
以上的花盆

充满浓郁药香的 蒲公英

　　春季一到就会开出黄色花朵的蒲公英看起来像是非常常见的杂草，但实际上它是一种具有出色药效的香草。虽然它没有杂草般的繁殖力，但它经常会被用来做菜或泡茶。黄色的蒲公英大部分都是来自欧洲的归化植物，而韩国自产的蒲公英一般都是白色的，或者是花托折向后方的为数不多的黄色品种。虽然野生的蒲公英药效更好，但由于人们的胡乱采摘以及对西方蒲公英强大繁殖力的迷恋，地产蒲公英在逐渐淡出我们的视线。所以请大家不要再随意采摘路边的蒲公英了！即便你非常喜欢它。也许我们以后都不会再见到它的身影了呢。

蒲公英培植

01 喜光发芽的蒲公英种子不需要覆土，每棵种子会长出一株新芽。与黄色蒲公英相比，白色蒲公英的发芽率会更低。

02 虽然好不容易才能发出新芽，但它的生长速度是极快的。由于已经长出了很多主叶，因此需要将其临时移植到塑料容器中。

03 1个半月后圆圆的嫩主叶终于长大，再分一次盆会长得更好。

04 蒲公英的根既粗又长，将其根部切成几段栽种的话会比种子更容易繁殖。

05 蒲公英的叶子呈环形铺在地面上越冬，春天一到，接收到阳光的照射会开出花朵。如果不能接受到光照，它的叶子会缩回去。

06 蒲公英的花朵受精后会迅速凋谢，然后长出绒毛般的种子。种子会随风飘到其他的地方。

TIP

蒲公英不管怎么拔，由于它的根部很长，因此剩余的根部还会继续长出新芽。

效能及应用

蒲公英在预防胃炎、癌症、便秘、肝炎、肠炎等方面有很好的效果。可以食用的叶子、花朵、根部可以入菜，制成香草茶、保健品、天然染料。尤其是它的叶子可以拌菜，做泡菜、酱菜、拌饭等。

27

难易度：★★☆☆☆
别称：七变花
门类：马鞭草科多年生
原产地：热带美洲

1. 日照量：向阳地、半阳地
2. 浇水量：关爱适量
3. 种子大小：比豌豆粒小一些
4. 播种时间：4月～5月初，8月末～初秋
5. 冬季管理：冬季需在室内种植
6. 病虫害：易生温室粉虱
7. 推荐花盆尺寸：推荐使用比基本花盆大1.5倍以上的大花盆

可以变换 七种颜色的 马樱丹

　　朗姆每次去花市都会看到开着娇艳花朵的马樱丹而被它的模样所倾倒，因此买回来开始养，没想到它经常会开花，感觉每天都能欣赏到它美丽的花朵。马樱丹的花朵似乎具有魔法般神奇的力量。在它开花期间，花朵颜色可以一点一点发生变化。有时花朵中间和边沿会呈现出完全不同的颜色。由于它可以变七次颜色，因此也被称为七变花。但由于它含毒，因此不能让孩子和动物碰到它，不小心碰到后需要马上洗手——它的毒就如同它娇艳的花朵般强烈。

马樱丹培植

01 马樱丹一般从小苗开始养。购买马上就要开花的小苗就能欣赏到很长时间的花朵。

02 将买来的小苗移植到比基本花盆大1.5倍以上的大花盆中才能保成其苗壮成长。朗姆将其移植到了土盆中。

03 几天后，花骨朵全部开放，随着颜色的变化会开好几次，因此可以充分享受到赏花的乐趣。

04 虽然马樱丹经常会生温室粉虱等害虫，但它具有很强的抵御能力。如果怕病虫害蔓延的话可以将其与其他植物分开。

05 马樱丹的花朵受精后会结出绿色的果实。待过程变黑成熟后即可采种。

06 随着天气的变冷需要将马樱丹挪到室内。剪枝后准备过冬。可以用剪下的枝丫挑战一下插枝。

TIP

如果因为马樱丹容易发生病虫害而感到头疼的话，可以将其移到阳光充足的室外。与在阳台和窗台上相比叶子会更加葱郁，因此更能提高抵御病虫害的能力。在韩国一般都养来观赏，而在它的原产地却被当成是杂草。

效能及应用

马樱丹在镇痛、解毒、解热、胃疼等方面有很好的疗效，但由于它含毒，因此在家不能随便当成药来吃。

127

28

❋ 难易度：★★★☆☆
❋ 别称：莬菜
❋ 门类：莬菜科多年生或2年生
❋ 原产地：欧洲

1. 日照量：向阳地、半阳地
2. 浇水量：关爱适量
3. 种子大小：比芝麻粒稍大
4. 播种时间：4月~5月初，8月末~初秋
5. 冬季管理：有一定的御寒能力，根据不同的抵御可以在户外越冬
6. 病虫害：易生蚜虫
7. 推荐花盆尺寸：推荐使用高度为20厘米以上的花盆

可以加入到菜中的 露葵

　　露葵是一种可以丰富我们餐桌的香草。深粉红色的花朵非常漂亮，以至于小区的老人们看到它都会发出"哇，这花可真美！它叫什么名字啊，竟然能开出这么美的花来？"。有些人会问这是不是蜀葵，由于不经常会在韩国见到，因此很容易让人认错。花期很长，每天都开出新花来。剪掉无法含有令人讨厌的蚜虫的枝丫还是会再次开花，真是令人惊奇啊。如果您想找到一种既可以长时间欣赏到花朵，又能入菜的香草，那么露葵绝对适合您。

露葵培植

01 虽然露葵的发芽率很高,但由于它的新芽不长出来,因此还是需要用化妆棉来发芽后再播种,播种后需要将其移到盒子里。

02 根部一旦长出盒子就需要进行第一次移植,移植到小盆中。2周以后主叶会变大,因此需要再次移植到更大的花盆中。

03 分盆2~3周后即可长到可以包饭的大小。由于它极易发生病虫害,因此它的叶片后面会有很多蚜虫。

04 初夏一到,随着天气转暖它便会开花。花一天就会凋谢,但第二天会重新开出许多花朵。

05 花一开它就会变成蓝色。因此又被称为蓝露葵。它的花期会很长。

06 花朵受精后会结出多个圆形的种子。待变成褐色成熟后即可采种。

我们是好朋友（9）

冬葵

下面向大家介绍一下与露葵的叶子非常相似，以至于都难于区分的1～2年生莼菜科香草冬葵！露葵的叶子可以代替冬葵入菜。也就是说两种香草在味道上也是出奇的相似。

其实朗姆是在露葵的新芽还没有发出来的时候同时种下了冬葵，因为去年种的露葵种子没有发芽。也许冬葵非常适合在韩国种植，种子种下两天后就发出了新芽！绿色的冬葵子叶上有着明显的脉络。几天后新芽有了成长，仔细观察发现，天哪！竟然与露葵的子叶长得非常像，待长出1～2片主叶的时候也无法与露葵的主叶分辨开。

非要找出露葵与冬葵的不同，那么应该说他们花朵的形状是截然不同的。冬葵开的是白色小花，而露葵开的是稍微大一些的深粉红色花朵。因此，如果您想观赏用的话当然是要养露葵，但如果主要想用它的叶子，而且还能实现轻松种植的话则要养冬葵。可以加入到汤、包饭、拌菜等多种料理中的冬葵对于便秘、痢疾、骨质酥松、促进母乳等方面有很好的效果。

我们是好朋友（10）
蜀葵

　　没有见过蜀葵花的朋友们一定都很好奇它长得什么样子吧，也一定会有朋友认为它会与露葵花非常相似吧。可能是小区的老人家们给弄混了，其实蜀葵的花会更大一些。

　　蜀葵是与在路边经常会见到的露葵同科的2年生香草。它的花有粉红色、白色、黑色等多种颜色，而且还有能开出多瓣花的品种。朗姆第一次见到蜀葵的时候以为它是木槿花的一种。如果不是博友们告诉我真相，我会一直以为它是木槿花的一种的。

　　虽然花坛中也有种蜀葵，但基本上都作为观赏用了。其实它对于痢疾、烧伤、月经不调、尿路结石等病症有很好的疗效，是具有很好药效的一种香草，尤其是开白色花的蜀葵根部基本都会用来做药材。此外，它的叶子和花朵是可以食用的，因此在家还可以用来拌菜、做沙拉、泡茶。

131

29

难易度：★★★☆☆
别称：灵香草
门类：唇形科多年生
原产地：地中海沿岸

1. 日照量：向阳地，半阳地
2. 浇水量：关爱稍微少一些
3. 种子大小：芝麻粒大小
4. 播种时间：4月～5月初，8月末～初秋
5. 冬季管理：需要将其移到温度在零上的地方
6. 病虫害：能发生病虫害
7. 推荐花盆尺寸：推荐使用比基本花盆大1.5倍
以上的大花盆

充满诱惑香气的 熏衣草

　　一提到"熏衣草"，大家首先联想到的应该是柔顺剂和芳香剂的香味吧？熏衣草紫色花朵中能散发出清淡的香气。熏衣草种类中，在韩国种植最多的法国熏衣草，也是第一个成为朗姆家人的一款香草。刚开始的时候当成迷迭香买了回来，但无论怎么闻都闻不到迷迭香那浓郁的味道。因此处于好奇将它的叶子煮了，但也未发出任何味道来。虽然长久以来它已经成为了我的家人，但当时却因为它不是迷迭香而感到失望呢。

熏衣草培植

01 熏衣草的发芽率不高,因此播种两周后才能长出1棵幼苗。

02 1个月左右以后,熏衣草的根会长出盘子。此时需要将其临时移植到含肥泥炭盒中,再长大一点后则需要分盆到更大一些花盆中。

03 待熏衣草长到一定程度的时候,可以通过多次剪枝来修整它的形状。如果放任不管的话会长得杂乱无章。大家可以尝试用剪下来的枝丫进行插枝。

04 小苗的时候还是绿色的根部慢慢变成了褐色——完成木质化,这是熏衣草变壮实的自然现象。但如果颜色过于深的话就要考虑一下是否过湿了。

05 冬季时,需要将其移到温度在零上的地方。下方的叶子褐变脱落也属于正常现象。春季只有将褐变的叶子摘除才能让其更好地通风,而且还能有助于预防病虫害。

06 春季就会开出紫色如兔子耳朵般的花朵。冬季如果放在太过温暖的地方过冬是不会开花的。

TIP

不喜涝,梅雨季节不管它的话叶子会发生褐变,因此一定要多加注意。光照不足时叶子会向里卷,变得弯弯曲曲的。

效能及应用

因香味而出名的熏衣草对于皮肤美容、炎症及消除痘痘、身心安定、解压、减少忧郁症、助睡眠、防治害虫等方面都有很好的效果。可以用它的花朵来美容,制成香草茶饮用,还可以放到很多料理中。它的叶子和花朵可以用来制作芳香剂和防虫剂。

介绍一下熏衣草的种类

不同的熏衣草其叶片形状和花朵形状会有些许不同。如果您是喜欢熏衣草的朋友，可以尝试种植多种熏衣草。

01 英国熏衣草

　　是一种重要用于制作精油和香草茶，并能入菜的熏衣草。与用来观赏用的熏衣草相比花朵会略显朴素，较难购买到。

02 羽叶熏衣草

　　如果您在寻找叶片形状和颜色不同的熏衣草，我会向您推荐这款。叶子非常像蒿属植物，分为很多瓣。拥有深紫色花朵的羽叶熏衣草主要用来制香草茶。

03 马连奴熏衣草

　　长得非常像甜熏衣草，很容易与其弄混！两种熏衣草的叶片都会长出锯齿。马连奴熏衣草叶片的锯齿会更圆一些。

04 流苏熏衣草

　　流苏熏衣草的锯齿比甜熏衣草和马连奴熏衣草更为锋利。强烈推荐给那些喜欢圆滚滚花瓣的朋友们。花型很容易让人联想到兔子耳朵，而且花瓣比法国熏衣草要短。

　　下面向大家介绍一下虽然名字中有熏衣草，但却与熏衣草完全不同的多年生菊科香草——棉属熏衣草。它是在香草农场中非常常见的一种香草。其实虽然不属于熏衣草，但名字中却含有熏衣草字样的香草油很多。一般开紫色花的植物名字中都会含有熏衣草字样，经常在花园或香草农场中看到的"披肩熏衣草"就属于这类植物。那么棉属熏衣草也开紫色的花吗？不是的！由于它能散发出如熏衣草般清爽的香气才这样命名的，但它的花朵却是和菊科类植物一样呈现出黄色。如流苏熏衣草般圆滚滚的叶子呈现出意大利蜡菊的银色，更加增添了它的魅力。

　　棉属熏衣草与熏衣草一样能够出现木质化，因此可以修整为自己喜欢的形状。如果看到修整过的棉属熏衣草的模样，会让人难以相信它会是菊科类植物而不是熏衣草类植物。它喜欢在具有良好漏水效果的贫瘠的土壤中生长，而且还是不宜出现病虫害的香草！在治疗伤口、防虫等方面具有很好的效果，也可以用来制作芳香剂和防虫剂。插枝很容易成功，大家不妨一试哦！

135

30

- ※ 难易度：★★☆☆☆
- ※ 别称：洋甘菊
- ※ 门类：菊科1年生或多年生
- ※ 原产地：欧洲

1. 日照量：向阳地
2. 浇水量：关爱适量
3. 种子大小：非常小
4. 播种时间：3月～5月初，8月末～初秋
5. 冬季管理：多年生甘菊有一定的御寒能力，可在室外种植
6. 病虫害：在花盆中种植的话会生蚜虫
7. 推荐花盆尺寸：推荐使用高度为17厘米以上的花盆

充满苹果香的 可以制成香草茶的 甘菊

　　如果提到可以用花来泡茶喝的香草，那么最先想到会是能散发出苹果清香的甘菊。朗姆不喜欢咖啡而喜欢香草茶，而且被略微甘甜的甘菊茶所倾倒，因此每次都会喝很多。

　　甘菊的种子很容易发芽，具有很高的发芽率。因此在市面上会有很多种类的种子在销售。以前商场曾经将"带有香草花园种子的折叠卡片"作为谢恩品赠送给顾客，那里面的种子就是甘菊种子。如果您想种植那种没什么负担的，而且生长快的香草，那么就一定要尝试养一下甘菊哟。

甘菊培植

01 甘菊的发芽率非常高，因此即使在3月初播种也会很快发出新芽。朗姆种的是德国甘菊。

02 由于种子很小需要撒播，因此会长出很多的新芽。将不牢靠的幼苗剪掉可以有助于通风，而且还能让其更好地成长。

03 将其临时移植到了塑料容器中，待长到一定程度时再分盆到大一些的花盆里。

04 分盆后叶片会长大很多，已经出现了甘菊叶的样子了。

05 甘菊的主叶再多一些会填满花盆。如果花盆不够大则需要间一次苗。

06 播种2～3个月后会开花。早上盛开，下午花瓣向下耷拉，中间黄色的部分会凸起来。

07 虽然德国甘菊主要是用于饮用的，但由于它具有匍匐性，还可以用来代替草坪种植在院子里。

08 用于制作天然染料的甘菊与德国甘菊不同，它的花瓣呈黄色。

TIP

虽然它不易发生病虫害，但如果密植在小花盆中的话会生蚜虫等害虫的。德国甘菊是1年生，罗马甘菊是多年生。

效能及应用

在欧洲被作为急救药的甘菊在增进食欲、抗菌、感冒、皮肤美容等方面都具有很好的疗效。它还能帮助其他植物减少害虫，因此也被称为植物医生。花朵可以用来做茶、洁面，还能放到洗澡水中。

31

难易度：★☆☆☆☆

别称：女人草、圣母草

门类：蔷薇科多年生

原产地：欧洲、亚洲、北美

1. 日照量：向阳地，半阳地，半阴地
2. 浇水量：关爱适量或稍微少一些
3. 种子大小：非常小
4. 播种时间：4月～5月初，8月末～初秋
5. 冬季管理：根部有一定的御寒能力，根据地域可在室外种植
6. 病虫害：不易发生病虫害
7. 推荐花盆尺寸：推荐使用比基本花盆大1.5倍以上的大花盆

适合于女生的 羽衣草

　　女性都会喜欢的香草当属女人草了。从个别羽衣草英文名字上来看，其中包括代表女性的"lady"，因此似乎对女性会有好处。每个月不舒服的那几天可以摘下它的叶子泡水喝，这样能够减轻痛症。作为女性的朗姆也对羽衣草有着难以放下的情怀。那么在羽衣草成为朗姆家庭成员之后只是拿它的叶子来泡水喝吗？羽衣草种在土盆中后，它的叶子非常漂亮，以至于总会吸引我的视线。光照不足也能很好地生长，而且不易发生病虫害，即使不将其活用，也可以放在家里观赏。

羽衣草培植

01 虽然羽衣草的发芽率不是很高,但5月初播种的话,几天后也会悄悄地发出新芽。

02 它会长出比想象要多的新芽,因此需要将不牢靠的新芽摘掉。

03 长出主叶后需要将其临时移植到小盆中。主叶的形状很容易让人联想到小孩子的手掌。

04 待叶子长到一定程度需要将其移植到更大的花盆中。由于我将其分到了土盆中,因此非常适合它。

05 从里侧长出的新叶就像扇子一样折叠着,然后慢慢地打开。叶子的边缘经常会凝聚从叶子中发出来的水珠。

06 初夏一到就会抽出花轴,会开出很多黄色的小花,但较难采到种子。

TIP

圆圆的叶子上有绒毛一样的东西,所以很容易落灰。如果想保持整洁,可以用毛笔等工具轻轻地扫一下。如果没有结果实或者采种结束后需要直接减掉花轴,这有助于叶片的成长。请大家从外层叶片开始进行收割。

效能及应用

对女性很好的羽衣草对于生理疾患、闭经期忧郁症、缓解孕吐、妇科病、荷尔蒙失调、镇痛、炎症、皮肤美容等方面都有很好的疗效。叶子主要用来泡茶,嫩叶可以夹在沙拉中食用。

32

难易度：★★★☆☆
※ 别称：海洋之路
※ 门类：唇形科多年生
※ 原产地：地中海沿岸

1. 日照量：向阳地、半阳地
2. 浇水量：关爱稍微少一些
3. 种子大小：芝麻粒大小
4. 播种时间：4月～5月初，8
月末～初秋
5. 冬季管理：需要放在温度
在零上的地方种植
6. 病虫害：极易染上白粉病
7. 推荐花盆尺寸：推荐使用
比基本花盆大1.5倍以上的大花盆

极其常见的
必需香草 **迷迭香**

　　不熟悉香草的朋友也都听说过迷迭香吧？它是一款在花园中很容易找到的极具
人气的香草。它又被称为"学者的香草"，可有助于集中精力，因此在学生中很受欢
迎。朗姆也是因此才最想先种它，于是到花店中买了小苗。可是无论我怎么触摸它的
叶子都不会发出迷迭香的香气。这才知道自己买的不是迷迭香而是法国熏衣草，结果
又重新购买了。如果您想养几种香草的话可千万别忘了迷迭香哦！它可以用来制作香
草盐、香草茶、香草醋、香草油，并能应用到各种肉菜中。

迷迭香培植

01 迷迭香的发芽率虽然不是很高,只要方法得当也会小小地长出新芽。待主叶长出一些后需将其临时移植到小盆中。

02 如果购买的是小苗或播种后已经长得很大的迷迭香则需要分盆到比基本花盆大1.5倍以上的花盆中。由于它不喜涝,因此一定要注意渗水情况。

03 待迷迭香的茎部长到一定程度则需要剪枝,以确保通风,而且也会使形状更美观。

04 大家可以挑战一下用剪下来的枝丫插枝。它很容易在枝丫上长出根部来。天气变冷的话迷迭香下方的叶子会发生褐变。

05 3年以上的迷迭香在春天的时候会开出淡紫色的花。但冬季如果将其放在太温暖的地方或光照不足的话是不会开花的。

06 迷迭香和熏衣草一样,根部会发生木质化而变粗变硬。大家可以根据自己的喜好修整树形。

TIP

由于迷迭香极易生白粉病,因此如果是在阳台或窗台上养的话需要开窗通风,而且需要将褐变的叶子摘掉。梅雨季节主要不要过湿。迷迭香种在土盆中会更容易管理。

效能及应用

迷迭香在皮肤美容、杀菌、感冒、缓解头痛、促进血液循环、防虫、头皮健康、预防脱发、促进消化等方面都有很好的效果。叶子可以加入到各种肉菜中,还可以用来制作香草油、香草醋、香草盐等。放在热水中煮可以饮用,还可以用来洗澡、洁面、洗头。晒干的叶子可以放在小袋子里作为芳香剂和防虫剂使用。

141

33

※ 难易度：★★☆☆☆
※ 门类：唇形科多年生（冬季）、一年生（夏季）
※ 原产地：地中海沿岸

1. 日照量：向阳地
2. 浇水量：关爱适量或稍微少一些
3. 种子大小：比芝麻粒小些
4. 播种时间：3月中旬～5月初，8月末～初秋
5. 冬季管理：冬季香薄荷有一定的御寒能力，可在室外种植
6. 病虫害：能发生病虫害
7. 推荐花盆尺寸：推荐使用高度为17厘米的花盆

可以代替
胡椒使用的 **香薄荷**

　　您在寻找从种子开始种植的香草吗？那就试试发芽率很高的香薄荷吧。但如果把残留的冬季香薄荷种子第二年再种的话是不会发芽的。因此最好是购买一年可以种植完的种子。

　　其实对于朗姆来说管理香薄荷并不是件容易的事情。由于它的生长速度很快，没几天就会出现徒长，因此只能忍着眼泪间苗。间掉的枝丫就扔掉了吗？由于它能散发出辣辣的香气，因此可以代替胡椒加到香草泡菜中。千万不要忘记哦，间掉的香草也可以应用！

香薄荷培植

01 朗姆种的是1年生夏季香薄荷，很快就长出了新芽。因为很容易发生徒长，因此一定要放在阳光充足的地方。

02 由于会长出很多新芽，要从徒长严重的幼苗开始间苗。生长速度很快，因此需要临时移植到小盆中。

03 发芽10天后，由于放在了光照好的地方，因此主叶已经长得很长了。

04 接收到光照的香薄荷会迅速生长。将其移植到更大的花盆中会长得更快。

05 分盆1个月后，在茎部下方的颜色会变成浅褐色。仔细观察会发现根部会长出枝芽。

06 香薄荷需要经常剪枝才能保证其能长得更茂盛。剪掉的枝丫插到水中会烂掉。在冬季香薄荷是可以插枝的。

07 这是初夏时节茂盛的夏季香薄荷茎。不剪枝也能长出枝芽，茎部会变得更加茂盛。

08 香薄荷的花朵能从晚春一直开到盛夏。如果想持续收获枝丫的话则需剪掉花轴。

TIP

待香薄荷长到一定程度的时候，如果光照不好就会发生徒长。尤其在梅雨季节更容易徒长，因此也一定要多加注意。如果能防止徒长的话，养起来就没什么困难了。

效能及应用

香薄荷在促进消化、腹痛、眩晕、蜇伤、缓解疲劳、增加食欲等方面有很好的效果。叶子可以煮成香草茶，也能加到洗澡水中，还能制作香草醋、调料、汤、肉菜等，此外还能代替胡椒来使用。

34

* 难易度：★☆☆☆☆
* 别称：茼蒿菜、春菊
* 门类：菊科1～2年生
* 原产地：地中海沿岸

1. 日照量：向阳地、半阳地
2. 浇水量：关爱适量或稍微多一些
3. 种子大小：比芝麻粒大
4. 播种时间：2月末～5月初，8月末～初秋
5. 冬季管理：有一定的御寒能力，在南方可以在室外种植
6. 病虫害：可生蚜虫等害虫
7. 推荐花盆尺寸：推荐使用高度为15厘米以上的花盆

适用于做汤的 **茼蒿**

　　虽然平时在家很少吃，但是如果到饭店点火锅、汤等食物的时候常会见到这种能发出清淡香气的茼蒿！朗姆当看到带有茼蒿的汤时一定会先夹茼蒿吃，很适合做汤的茼蒿所具有的独特味道非常符合我的口味。但是如果要买来做菜的话，对于独自生活的朗姆来说却又太多了。在家种植的话，想起来的时候可以收获一些放到面条或汤里，真是很不错呢。而且并不是只能收获一次，它还会长出新叶再次收获的。

茼蒿培植

01 茼蒿的发芽率很高。刚开始发出的新芽很少，因此又播了一次种。

02 待茼蒿的主叶长出一些后将其临时移植到了塑料容器中。即使光照不足也不会出现徒长。

03 将不牢靠的茼蒿新芽剪掉。这样才能更好地成长。

04 播种1个月之后主叶会长得更大，需要将其移植到更大的花盆中。

05 分盆1周后即可长成可以收获的样子了。留了3棵的茼蒿像花一样漂亮地生长着。

06 收获茼蒿时，如果剪茎会再长出2个新的来，然后还能继续收获。

TIP

夏季会生蚜虫，虽然比其他的蔬菜生得少。在生蚜虫之前最好喷一些天然杀虫剂。如果以收获为目的可以在开花的时候减掉花轴，也可以用来欣赏花朵。

效能及应用

茼蒿在诱导睡眠、成人病、预防便秘、皮肤美容等方面有很好的效果。在欧洲一般都用来观赏，但在亚洲会用它炒着吃、拌着吃、做汤。还可以榨成汁饮用或将干花泡水喝。

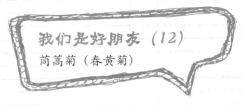

　　下面向大家介绍一下虽然叶子长得与我们平时常吃的茼蒿相似，但常被作为观赏用的"茼蒿菊"。虽然不是作为香草用的植物，但却无法不被它那娇艳的花朵所倾倒。茎部底端木质化，叶子长得像茼蒿，因此也被称为"木质茼蒿"。还被称为春黄菊、木质春黄菊、树茼蒿等。茼蒿与木质茼蒿不仅叶片相似，虽然茼蒿开的是黄花——没有木质茼蒿那么多的颜色，但形状上却与木质茼蒿很像，非常漂亮。因此在海外，茼蒿主要用于观赏。

　　好像在哪里总能见到木质茼蒿？是的！在春季的花市或香草农场、公园等地会很容易找到它的身影。多种颜色的花朵虽然算不上华丽，但却很吸引人的眼球。开着多瓣花的木质茼蒿很容易让人联想到菊花。虽然木质茼蒿是一年生的只能欣赏到短暂花朵的香草，但只要注意冬季保暖是可以种植多年的。

可以在阳台种植的
观赏用香草

在介绍过可以在阳台上种植的料理用香草之后，下面我将向大家介绍一下美丽的观赏用香草。它们中虽然也有可以用于料理或制成香草茶，但更多的情况是用来观赏。

★ 天竺葵类

天竺葵即使光照不足也能长得很好，而且很快就会开花！因此有很多朋友都会将其买回来观赏，非常受欢迎。在天竺葵类植物中，如果想当成香料的话则需要买能散发出浓郁味道的"天竺葵"。但是，花朵一般用来观赏的天竺葵类植物会更娇艳，更经常开花。

★ 熏衣草

熏衣草虽然可以用到很多地方，但在韩国基本都用来观赏。常被用来观赏的英国熏衣草在韩国很不容易管理，因此卖得并不好。有些失望是吧？不要担心！当看到熏衣草那如同兔子耳朵般的形状时会马上被它所吸引的。

★ 鼠尾草

鼠尾草不仅可以在阳台上种植，而且还不易发生病虫害！在西方经常会被放到料理中，但在韩国它和熏衣草一样主要用来观赏。尤其是其中的菠萝鼠尾草、樱桃鼠尾草经常会被种植。

★ 意大利蜡菊&蒿属

银色叶片会散发出咖喱香的咖喱意大利蜡菊与可以驱蚊的蒿属，两者都不易发生病虫害，而且还能在阳台种植。另外，二者都能发生木质化，因此可以根据自己的想法来修整树形。

★ 羽衣草

羽衣草是对女性非常好的一种香草！它也不易发生病虫害，因此可以在阳台种植。叶子可以泡茶，而且叶片形状非常可爱，因此也可以用来观赏。

35

难易度：★★★☆☆
别称：新驱蚊草
门类：菊科多年生
原产地：南欧

1. 日照量：向阳地、半阳地
2. 浇水量：关爱适量或稍微少一些
3. 播种时间：不宜结种，因此通过插枝繁殖
4. 冬季管理：有一定的御寒能力，冬季可以在室外种植
5. 病虫害：不易发生病虫害
7. 推荐花盆尺寸：推荐使用比基础花盆大1.5倍以上的大花盆

具有驱蚊效果的 蒿属

　　去花卉市场买香草的时候偶然看到了贴有"新驱蚊草"字样的蒿属。被称为驱蚊草的天竺葵具有驱蚊效果，这个新驱蚊草又是怎么回事呢？以为它的驱蚊效果会比驱蚊草还要好，因此立刻就买了回来：叶子散发出与可以驱蚊的天然喷雾类似的香气，应该就是这种香气达到了驱蚊的效果吧。乍一看蒿属的叶子会发现它与艾草很像，其实它与苦艾、野艾一样都是艾草的一种。但与艾草不同的是，它的茎部能发生木质化。只要修整好树形，就可以成为只属于自己的漂亮的观赏用蒿属。

蒿属培植

01 蒿属的种子很难购买到,因此一般都是从小苗开始。将购入的小苗分盆。

02 分盆后会发现里侧有变成褐色的叶子。尤其冬季会自然出现褐变的叶子,春季一到需要将褐变的叶子摘掉。

03 随着蒿属的不断长大,贴近根部的地方会发生木质化而变粗。

04 蒿属的叶子变得近似银色。仔细一闻可以闻到介于柠檬和艾草之间的香味。

05 枝丫长出很多后需要剪枝,那样才能保证良好的通风和美丽的外表。将剪下的枝丫晒干后挂起来可以起到驱逐蚊子、苍蝇、害虫的作用。

06 可以用剪下的枝丫挑战一下插枝。插枝时建议将其插在土壤中。

TIP

蒿属的花是黄色的,但却基本不会开花,因此很难买到种子。

效能及应用

蒿属在防虫、皮肤美容、杀菌、抗菌、滋润头发方面有着很好的效果。可以将少量的嫩叶放到各种料理中,也可以用来煮香草茶,还能加入到洗澡水中,用来洁面、洗头。此外,还能制成免费的防虫剂,木质化的枝丫可以制成天然染料。

　　大家都听说过其实蒿属是艾草的一种吧？在路边到处都能看到的艾草是具有抗菌、调节月经不调、预防妇科病和成人病等药效的香草。艾草虽然主要用来制作艾草糕、艾草饼，但其实过去老人们经常会用它来做药材。朗姆小时候经常去奶奶家，奶奶让用煮艾草的水给当时还是婴儿的表弟洗澡。在给婴儿用品消毒的时候也可以加入艾草。当时还在纳闷为什么要用艾草水，现在想来应该是为了增强婴儿的抗菌能力吧。真是很钦佩过去那些知道艾草巨大功效的老年人的智慧啊。现在虽然也有含艾草的消毒剂、婴儿专用洗剂，但还是觉得用天然的方法会更有效果。人工方法虽然可以起到消毒的效果，但却降低了孩子的免疫力，但如果用香草的话不仅可以起到消毒的效果，同时还能提高孩子的免疫力，预防各种疾病。不仅孩子，成年人用艾草洗澡也能预防和治疗各种炎症和疾患。

不知是否是

香草的植物

虽然拥有香草般的味道，而且在香草农场也经常会看得到，但如果称其为香草却又不太合适，这类香草也是有很多种的。最具代表性的是蔷薇香草，有人说它是香草，也有人说它不是，因此总是会让人产生疑义。即使这样，它的人气还是很高，有很多人都在养它，大家也不妨试试啊！

★ 蔷薇香草（绿蔷薇）

如果蔷薇香草确定属于香草的话，朗姆强烈推荐它。不易发生病虫害，可以像多肉植物一样偶尔浇水即可，管理起来非常容易。还很易插枝，叶片可以散发出柠檬般的香气，从上方一看就像是一朵绿色的蔷薇花。认为它属于香草的朋友曾问我能否用它来煮茶喝，很可惜，我还没有试过。

★ 银边翠

银边翠是在香草农场中一定会看到的品种。因叶片形状像烛火而得名。虽然叶子不散发香气，但边缘具有非常独特的花纹，因此是非常有魅力的观赏用植物。不易发生病虫害，而且在室内也能轻松种植，因此一定要尝试一下呦！很容易插枝，而且还具有一定的抗旱能力，是个非常坚强的孩子。

★ 欧洲戴菊

欧洲戴菊是在香草农场和花市非常能吸引眼球的植物，轻轻抚摸它的叶片会散发出似有似无的柠檬香，形状也非常漂亮，如同一棵圣诞树。虽然很多朋友被这种魅力所吸引而购买回去种植，但却经常会养死。需要将欧洲戴菊种到土盆中，放到光照充足的地方去，土盆在水分管理方面也会比较方便。

★ 细裂银叶菊（白妙菊）

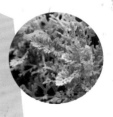

细裂银叶菊是具有白色叶片的菊科植物，也许是因为这个原因，它也被称为白妙菊、雪菊。朗姆是在某个冬季，在仁川的中国城发现了它，它和雪真是很配啊。如果您想养叶片独特一点的植物，那么朗姆会向您推荐这款细裂银叶菊。对了，听说在原产地它还被用来治疗白内障等眼部疾患呢。

36

※ 难易度：★★★☆☆
※ 别称：罂粟花、血色罂粟、虞美人草
※ 门类：罂粟科1～2年生
原产地：地中海沿岸、亚洲

1. 日照量：向阳地
2. 浇水量：砂壤适量
3. 种子大小：非常小
4. 播种时间：秋季～4月初，建议秋季播种
5. 冬季管理：分为可御寒品种和不可御寒品种
6. 病虫害：不易发生病虫害
7. 推荐花盆尺寸：推荐使用高度为15厘米以上的花盆

光听名字就让人倍感华丽的 杨贵妃花（罂粟）

　　"杨贵妃"其实是世界闻名的美人，中国唐代唐玄宗的贵妃。用世界闻名的美人名字来命名花，可想而知该是多么的美丽啊。朗姆夏天的时候经常会去公园欣赏杨贵妃花，它美丽的花朵让人联想到芭蕾舞演员上翻的裙子。一般杨贵妃花都非常美丽，但可惜的是，一般杨贵妃花中含有鸦片，它就像是绝世美人一样用美丽的外表来诱惑人类，并使其中毒，因此是严禁种植的。而观赏用的杨贵妃花由于不含麻药成分，因此是可以种植的。

152

杨贵妃花培植

01 杨贵妃花的发芽率很高，但是朗姆在播撒了冰糕罂粟的种子后却只发出了1棵芽。它不耐热，因此最好在秋季播种。

02 发芽10天后长出了主叶。幼小的主叶与长大后的完全不同。

03 待主叶稍微长大后需要分盆。由于罂粟不喜欢移植，因此不要总分盆。

04 晚春初夏之际，罂粟会抽出像果实一样的花轴。花轴上挂有黑色毛绒。

05 图中是已经开出又大又华丽花朵的冰岛罂粟。花朵只能维持几天。

06 虽然花朵很快就会凋谢，但旁边会重新抽出新的花轴继续开花。

效能及应用

虽然杨贵妃花具有镇痛、镇定、麻醉、有助睡眠等方面的效果，但因为也能作为麻药使用，因此只能种植观赏用的杨贵妃花。一部分杨贵妃花的花朵和叶子也能用来食用。而且，不含鸦片成分的成熟的种子可以用来榨油，罂粟凋谢后可以撒在面包和篮子上。

介绍一下杨贵妃花的种类

　　种什么样的品种都能用来观赏吗？下面就向有这样疑问的朋友们介绍一下在我们周边经常会看到的杨贵妃花。除了下面介绍的品种外，还有灰毛罂粟、近东罂粟等种类。

01　冰岛罂粟

　　朗姆种植的就是冰岛罂粟。有整齐花纹的花朵让人联想到裙摆。花瓣的边缘像圆圆的云朵。花朵颜色有很多，白色、黄色、红色、粉红色等。大家可以挑选自己喜欢的颜色进行种植。

02　爱尔兰罂粟

　　爱尔兰罂粟的花朵颜色很深，很容易让人联想到美丽的韩服。乍一看花朵与冰岛罂粟的花朵很像，但仔细观察就会发现，它的花瓣会向内侧聚拢。爱尔兰罂粟的叶子与蒲公英的叶子很像。

03　加利福尼亚罂粟

　　在韩国被称为金英花的花朵即是加利福尼亚罂粟。北美的原住民将它的花朵、叶子、枝丫用来食用。加利福尼亚罂粟与冰岛罂粟和爱尔兰罂粟不同，它的花朵很小，颜色分为朱黄色和白色系。如果想养朴素点的杨贵妃花可以选择它。

下面向大家介绍一下既具备像杨贵妃花一般的危险性，又能开出充满魅力花朵的毛茛科多年生香草"圣诞玫瑰"。它在缓解心脏刺激、神经及精神疾患、头疼等方面具有很好的疗效。与圣诞玫瑰相似的香草还有"洋地黄"，不仅拥有相似的成分，而且它们俩都具有很强的毒性，因此绝对不能食用。

其实圣诞玫瑰只要注意御寒就很容易种植，但是却很难购买到。虽然偶然会在网上看到有销售圣诞玫瑰种子和花苗的广告，但价格相当吓人，只能看看照片了。但是，当在济州香草东山看到开放的圣诞蔷薇时，由于它低垂的模样还误以为是老姑草。虽然它向老姑草一样低垂着脑袋，但花朵会更大更艳丽。寒冬时节开放的圣诞玫瑰的花朵有多么的美丽啊！

关于圣诞玫瑰低垂的花朵还有一个传说。有个放羊的少年想在耶稣诞辰的时候先给他礼物，但却因为没有什么能送的而感叹的时候，天使在血中制成了这种花。放羊少年将这种花呈给耶稣后，花朵被少年耶稣的美丽所震撼而底下了头部。

37

❋ 难易度：★☆☆☆☆
❋ 别称：高山蓍草、欧蓍草
❋ 门类：菊科1~2年生
❋ 原产地：欧洲、西亚

1. 日照量：向阳地、半阳地、半阴地
2. 浇水量：关爱适量
3. 种子大小：非常小
4. 播种时间：3月~5月初，8月末~初秋
5. 冬季管理：有一定的御寒能力，可以在室外种植
6. 病虫害：不易生病虫害
7. 推荐花盆尺寸：推荐使用高度为17厘米以上的宽口花盆

具有杂草般 强劲生命力的 蓍草

看到蓍草照片的瞬间，一定有很多朋友觉得好像在哪里见过是吧？它与野生的"锯齿草"非常相像。特洛伊战争时，阿基里斯曾用它为受伤的将士们疗伤，因此也被称为"阿基里亚"。

如果您想马上制成一个充满香草的地方，那么朗姆建议您一定要养蓍草。它不仅有很高的发芽率，而且还具备杂草般顽强的生命力，即使拔掉也会继续生长，因此会很快长满花坛。有强大的抵御严寒、梅雨、病虫害等能力，不用费什么精力就能填满整个花坛，而且鲜艳的花朵能够长时间开放。

蓍草培植

01 蓍草的发芽率很高，即使3月末播种也能很快发出芽来。

02 发芽1个月后，主叶就会长出很多。此时需要暂时将其移植到一次性塑料容器中。

03 待主叶再长大一些后需要将其分盆到稍微大一点的花盆中。由于有很好的繁殖能力，因此尽可能将其种到宽大的花盆中。

04 待长出的幼苗叶子变大后，会顿感花盆有些狭小。将不牢靠的幼苗间掉。

05 发芽2个月后，它的叶子会变成图中的长度。从外层的叶子开始收获，内层才会继续长出新叶。大家需要将从根部生出的新苗进行分枝。

06 晚春至夏季会开出茂密的小花。花朵的花期很长。

TIP

繁殖能力很强的蓍草即使被拔掉也能继续生长，野外越冬能力也很强，因此在尽量避免不影响周围植物的情况下种植。

效能及应用

富含维生素和矿物质的蓍草在解热、治疗伤口、预防脱发、治疗风湿、粉刺等方面有着非常好的效果。叶子可以煮成茶，也可以用来洁面、洗澡、洗头。嫩叶可以用来拌沙拉。朗姆是为了制作香草醋洗发水而种植的。

38

* 难易度：★☆☆☆☆
* 别称：药用鼠尾草
* 门类：唇形科所年生
* 原产地：地中海

1. 日照量：向阳地、半阳地、半阴地
2. 浇水量：关爱稍微少一些
3. 种子大小：芝麻粒大小
4. 播种时间：3月～5月初，8月末～初秋
5. 冬季管理：没有御寒能力的品种需要在室内种植
6. 病虫害：不易发生病虫害
7. 推荐花盆尺寸：推荐使用比基本花盆大1.5倍以上的大花盆

香肠这一名称的鼻祖 **鼠尾草**

　　大家还记得小时候摘丹参的花蘸蜂蜜吃吗？朗姆每次看到与丹参花很像的鼠尾草花时都会回想起当时的那些事情。当然，鼠尾草并不只是花朵像丹参，它其实是丹参的亲戚，因此又被称为"药用丹参"。鼠尾草与我们平时吃的火腿肠的名字有一定的关系。我们闻一下鼠尾草的叶子会发现它的味道与火腿肠很像，而且味道更浓郁。而且，鼠尾草从很早以前就因为能减少肉的油腻而被应用到西餐肉菜中。

鼠尾草培植

01 鼠尾草的发芽率很高, 即使3月播种也能发芽。朗姆种的是普通鼠尾草。

02 播种10天后即会长出主叶。它的成长速度很快, 因此需要将它移植到小花盆中。

03 发芽1个月后就可以长成鼠尾草的模样的。叶子会马上变多变大。

04 待鼠尾草的主叶长到一定程度时, 需要将其移植到更大的花盆中。由于它不喜涝, 因此需要在花盆的渗水方面多加注意。

05 待枝丫长到一定程度时需要剪枝, 这样才能长得更茂盛。可以用剪下来的枝丫进行插枝。

06 晚春至夏季是花期, 播种当年不会开花, 第二年开始才能开花。

TIP

不易发生病虫害, 而且还能在阳台种植, 因此作为观赏用香草受到大众的喜爱。观赏用鼠尾草比做香料用的鼠尾草味道要淡一些。冬季的时候上面的枝丫有可能干枯, 大家可千万别扔掉哦! 因为会从根部长出新芽来的。

效能及应用

鼠尾草在皮肤美容、杀菌、防腐、治疗关节炎、促进消化等方面有着很好的效果。一般情况下, 普通鼠尾草可以用来药用, 制作精油, 放到各种料理中。叶子切碎可以放到汤、焖菜、肉菜等料理中, 也可以用来制成香草茶。

鼠尾草类植物的共同点就是管理简单，不易发生病虫害。淳朴鲜明的花朵也是它的魅力所在。

01 智力鼠尾草

智力鼠尾草的花朵末端成深红色，看起来像嘴唇，一般作为观赏用。也有花朵颜色整体上呈白色，只有下部呈现出嘴唇般红色的，这类智力鼠尾草被称为烈焰红唇鼠尾草。

02 菠萝鼠尾草

许多喜欢香草的朋友们似乎都很喜欢鼠尾草中的菠萝鼠尾草。与其他鼠尾草相比，它的耐寒能力弱，而且还会发生病虫害。但大家都喜欢它的原因应该是叶片中散发出的菠萝香，以及不仅可以食用，还能用来制成香草茶的缘故吧。喜欢香甜味道的朋友一定要养一次哦！

03 喷漆鼠尾草

叶片末端像喷了漆一样呈现出粉红色、紫色、白色等多种颜色。因此会给人一种每天都在开花的错觉。主要用来观赏，还可以加入到制作红酒、啤酒中，为了提高精油和食物的香味，可以使用它的种子。

04 神秘螺旋蓝鼠尾草

去花市经常会看到长长的花轴上开满紫色花朵的香草吧？那就是神秘螺旋蓝鼠尾草。由于名字比较长，因此一般都将其称为蓝鼠尾草。其实它的花朵更近似紫色。朗姆家附近的花坛，在初夏的时候会种植它用来观赏。

　　下面向大家介绍一下普通鼠与尾草叶子相似的唇形科多年生香草——羊耳朵草。就如它的名字一样，它是一种类似于羊耳朵形状的香草。羊耳朵草虽然不是广为人知的香草，但市场反应很好，因此渐渐在香草农场中扩大了种植。

　　羊耳朵草备受欢迎的秘诀应该就是叶子上挂满了白色的毛，而这些毛毛给人一种类似于动物毛的感觉。朗姆也为羊耳朵草所倾倒，每次去香草农场都想买，但却由于空间问题不得不放弃。偶然在香草天文公园看到了羊耳朵草的花朵，连花朵上都毛茸茸的，真是好神奇啊！

　　主要用来观赏和覆盖土地的猫耳朵草在美国南北战争时，曾被当成退烧药来使用。它不易发生病虫害，而且有很强的御寒能力，难道不是值得一养的香草吗？很多朋友们也对羊耳朵草那独特的触感产生了极大的好奇心。

39

难易度：★★☆☆☆
* 别称：白药、梗草
* 门类：桔梗科多年生
* 原产地：韩国、中国、日本

1. 日照量：向阳地，半阳地
2. 浇水量：关爱适量
3. 种子大小：芝麻粒大小
4. 播种时间：3月～5月初，8月末～初秋
5. 冬季管理：有一定的御寒能力，可以在室外种植
6. 病虫害：虽然容易发生病虫害，但有很强的抵御能力
7. 推荐花盆尺寸：推荐使用高度为20厘米以上的花盆

花朵也很漂亮的 桔梗

　　大家都知道济州岛与其他地方的结婚文化不同吗？最近这种差别虽然有所减少，但还是会在婚礼之前叫亲戚们都聚在一起办四天的宴席。朗姆小时候也曾经和父母参加过这样宴席，当时一定会出现的一道菜就是"鱿鱼桔梗拌菜"。酸辣的调料与桔梗独特的味道非常相配。

　　桔梗虽然经常会被大家认为是拌菜的材料，但其实它那星形的大花还可以用来观赏。除了常见的紫色花，还有粉红色花、白色花、重瓣花等品种。除了容易发生病虫害之外，即使一株也能长得很好，是一种非常好养的香草。

桔梗培植

01 发芽率很高的桔梗如果在3月份播种的话是不会发芽的，需要4月份再次播种，这样才能发出芽来。

02 发芽2周左右后会长出可爱的主叶。如果根部长出盒子的底部则需要临时移植到小盆中。

03 桔梗主叶长到一定程度时叶子会变厚。此时则需要将其移植到更大的花盆中。

04 分盆后桔梗的叶子会长得更大。初夏随着天气的变暖会抽出花轴。如果是以收获为目的则需要剪掉花轴。

05 天气一变热，就会开出令人联想到星星的桔梗花。一般紫色花会更多，但还有粉红色花和白色花。

06 待花朵凋谢后会长出又大又圆的种子。刚开始的时候呈绿色，待变成褐色时即可采种。

TIP

桔梗在种植2～3年后，待根部变粗之后才能收获。桔梗根部流出的白色汁液含有对身体有益的皂甙成分，因此在洗桔梗的时候会出现泡沫。

效能及应用

在降低胆固醇、镇定皮肤、缓解炎症、净化血液、提高免疫力等方面有很好效果的桔梗在韩国经常会被用来制作拌菜、酱菜、拌饭等。此外还可以用热水泡茶喝，而且还能泡酒。

163

　　下面向大家介绍一下韩国野生的，可以像桔梗一样用根部来制作拌菜、酱菜和香草茶的多年生香草——沙参。二者都属于相同的桔梗科，因此花朵形状相似。如果说桔梗开的是星形花朵的话，那么沙参开的则是钟形花朵。花朵内侧生有像锤子一样的雌蕊，因此一摇晃的话就会马上发出钟声般的声音。

　　不能不提的两种香草的共同点就是有独特口感的根部具有白色的汁液，而这汁液中含有皂甙成分。因此它在治疗关节炎、解毒、强化肾脏和肺部、消除疲劳、抗癌等方面有很好的效果。我个人认为嚼一点桔梗的感觉非常好。

　　然而，就算如此相像的两种香草也分明有差别。最大的差异应该算是枝丫生长的形态吧。与桔梗向上长不同，沙参喜欢在阴凉处以蔓延的形态缠在树茎或篱笆上生长。因此，将桔梗种在篱笆下会形成爬满沙参的美丽的篱笆。朗姆有一次去乡下旅行的时候看到了已经变成树的篱笆上缠满了沙参。当时由于天气寒冷，沙参大部分都已经干枯了，但其中却还能看到开出的小花，真是太神奇了。

可以称为茉莉属植物的香草

　　市面上有很多名字含茉莉的植物在销售，但了解之后发现这些并不属于同一种类，大家都了解这些吗？它们中大部分不仅不能制成香草茶来喝，反而还具有一定的毒性。在茉莉中可以用来制成茶来喝的是属于木犀科的"圆叶茉莉"。此外的茉莉属植物虽然也同属木犀科，但由于大部分都具有充满诱惑的香气，因此都被称为茉莉。

★ 情人茉莉

　　属于马鞭草科的情人茉莉（中文名：臭茉莉）因其紫色花朵中可以散发出巧克力的香气而得名。以树形生长的情人茉莉不仅味道好，而且还能在室内种植，因此备受欢迎。

★ 双色茉莉（鸳鸯茉莉）

　　如果去一般的花园找"茉莉"的话，基本上都会给你双色茉莉。它与圆叶茉莉不同，它是属于"茄子科"的，而且还具有毒性，因此是不能食用的。但是它的香气浓郁，因此容易让人误认为是圆叶茉莉。此外，待紫色花凋谢的时候会变成白色，这也是非常神奇的魅力啊。

★ 夜来香（夜香花）

　　与双色茉莉同属茄子科的夜来香被称为"驱蚊植物"。由于夜晚的时候会开出充满诱惑花香的花朵，因此也被称为"夜香花"。如果您喜欢养具有驱蚊效果的植物，那么一定不要忘了夜来香哦。

★ 栀子花（加德尼亚茉莉，黄栀子）

　　栀子花是在韩国也很常见的充满浓郁香气的"茜草科"香草。它属于重瓣花，关于"加德尼亚茉莉"有这样一个传说，一名名为加德尼亚的少女得到了天使赠与的花种后开始种植，最后天使变成了帅气的少年与之结婚了。虽然栀子花容易发生病虫害，但在治疗伤风感冒、解热、皮肤美容等方面具有很好的效果。

★ 冬茉莉

　　冬茉莉与圆叶茉莉一样同属木犀科。花朵拥有浓郁的香气，不仅是在室内，在香草农场、花市都经常会看到它的身影，具有很高的人气。而且它有很强的防病虫害能力，冬季主要御寒即可，是非常容易种植的香草。但是，茎部具有蔓延性，因此需要使用支架来将其撑起。

★ 非洲茉莉

　　在香草农场经常会看到的开有黄色花朵的马钱科观赏用茉莉。由于它是爬着长的，因此是一种极具魅力的茉莉。

40

难易度：★★☆☆☆

* 别称：苏子叶
门类：唇形科1年生
原产地：东南亚

1. 日照量：向阳地、半阳地
2. 浇水量：关爱适量
3. 种子大小：芝麻粒大小
4. 播种时间：3月～5月初
5. 冬季管理：最好在春季重新播种
6. 病虫害：能发生病虫害
7. 推荐花盆尺寸：推荐使用高度为
17厘米以上的花盆

可以变成
各种料理的 **紫苏**

　　在可以用来包饭的蔬菜中朗姆最喜欢的就是苏子叶。不仅可以包饭吃，还能制成酱菜吃，切碎后还能加到菜中食用。您要问我得有多喜欢它呢？去烤肉店的话，我根本就不会动生菜，而只吃苏子叶。将苏子叶放在冰箱里保存，需要的时候可以放到拉面、拌饭中食用。苏子叶杀手朗姆自然是会选择养苏子叶的！从开始养苏子叶就一直会将发出的枝丫放到拉面和拌饭中吃。而且苏子叶还能美容，因此一直都在努力地吃，会不会因此而变成皮肤美人呢？

紫苏培植

01 紫苏的发芽率非常高，因此会长出图示般多的幼苗。

02 如此多的幼苗放任不管会不利于生长，因此需要将不牢靠的幼苗间掉。

03 发芽1个月后需要将其临时移植到小盆中，待叶子长到一定程度时再移植到更大的花盆中。

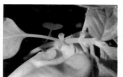

04 在主干和主叶之间开始长出新的枝丫。如果不将其摘除会影响通风，从而会引发病虫害。

05 在一个花盆中种多棵花苞会导致生长缓慢。因此需要将小苗分开种植。

06 将叶子翻转会发现呈现出这种紫色。长时间放在阴暗处会导致叶子下垂。

07 发芽2个月后，接收到了充足的光照，主干上的叶子会长成手掌般大小。收获的时候需从下方的叶子开始，上方的叶子不要动。

08 具有杀菌、防腐、美容等效果的紫苏，虽然以紫色叶子而闻名，但其实它还有绿色叶子的品种。

TIP

如果不将紫苏的枝丫去除会导致本应该流向主叶的营养成分被枝丫吸收，进而出现主叶整体变小的后果。抽出花轴后，如果想继续收获则需将花轴剪掉。

效能及应用

富含维生素A、C的紫苏在防止皮肤老化、美白皮肤、减压、促进脑细胞活力、治疗伤口等方面有很好的效果。叶子可以用来包饭、制酱菜、拌菜、饼等料理。种子可以用来榨油，或加入到各种汤、炒菜中。

41

* 难易度：★★★☆☆
别称：紫雏菊、紫锥花
门类：菊科多年生
原产地：北美

1. 日照量：向阳地
2. 浇水量：关爱适量
3. 种子大小：比芝麻粒大
4. 播种时间：3月～5月初，8月末～初秋
5. 冬季管理：根部有一定的御寒能力，可以在室外种植
6. 病虫害：能发生病虫害
7. 推荐花盆尺寸：推荐使用高度为20厘米以上的花盆

拥有值得等待 美丽花朵的 紫松果菊

　　看到紫松果菊的花朵后，一定会有朋友觉得在哪里见过而拍大腿的吧？是的！这就对了。虽然很多人觉得平时很难见到香草的花，但紫松果菊花却经常会看得到。因为它的发芽率很高，而且还适合韩国的气候。当然了，与粉红色紫松果菊相比，我们更常见的是开黄色花的品种，一定会有人问它们不是一个品种吗？开黄花的品种也不同，有属于紫松果菊亲戚的"金光菊"。光看外表的话会觉得养哪个都可以，但它们俩却又有不同之处。即被北美原住民当成包治百病药的紫松果菊才具有强力的药效。

紫松果菊培植

01 紫松果菊的种子比较大，因此最好先将其用水泡一晚上后再播种。它的发芽率很高，很快就会长出幼苗来。

02 发芽1个月之后就会长出主叶，与叶柄一起，叶子会变得很长。

03 由于紫松果菊会长很大，因此需要将其移植到大花盆中。

04 天气一热就会出现变成褐色的叶子，我们需要将这些叶子摘掉。

05 晚春一到就会抽出花轴。花轴状态会持续大概1个月的时间。

06 夏季盛开的紫松果菊花。作为长久等待的回报，它的花期很长。

07 与用来做香料的开粉红色花朵的品种不同，观赏用的紫松果菊会开黄色的花。

08 平时常见的紫松果菊虽然是粉红色的，但它还有黄色和白色的品种。

TIP

紫松果菊的花朵刚开始的时候中间部分呈圆形，随着时间的推移它会变得像凉帽一样高高凸起，摸起来还硬硬的。

效能及应用

紫松果菊在预防感冒、增强免疫力、治疗伤口、皮肤美容等方面有很好的疗效。叶子和根部可以泡茶喝，还可以作为观赏用。

169

$\mathscr{42}$

❋ 难易度：★★★☆☆
❋ 别称：羊角豆
❋ 门类：锦葵科1年生
❋ 原产地：北非

1. 日照量：向阳地
2. 浇水量：关爱适量
3. 种子大小：豌豆粒大小
4. 播种时间：3月末～5月初
5. 冬季管理：最好在春季重新种植
6. 病虫害：易生蚜虫
7. 推荐花盆尺寸：推荐使用高度为30厘米
以上的花盆

充满收获
喜悦的 **秋葵**

　　秋葵虽然易生蚜虫，而且还需要大花盆或空地来种植，但有它却是可以充分享受到收获的喜悦。能收获果实的香草虽然有番茄、柠檬、葡萄、辣椒等很多种类，但这些平时都可以很容易买得到，而秋葵的果实却很难买到。由于它还可以应用到多种小菜中，因此种植的乐趣会更大。将收获的果实横着切开会出现蜂窝状的小孔，种子就在里面。当然了，它的魅力不仅限于收获。类似于夏威夷木槿花的象牙色大花非常漂亮，但可惜的是它只能开一天。

秋葵培植

01 秋葵的发芽率很高,它的子叶像它的种子一样属于大号的。开始的时候种在盒子里,待长出子叶就马上移到了小盆中。

02 10天之后子叶会变得更大,然后会长出主叶。将叶子翻转过来会发现上面沾有像露珠般小而透明的东西,这并不是病虫害,而是自然现象。

03 秋葵的生长速度很快,需要尽快移植到大花盆中。春寒没过的时候将其放到室外会导致其冻死,因此一定要注意。

04 发芽1个月之后叶子会长很大,因此一个花盆中最好只留1棵小苗,其余的需要间掉。

05 秋葵的花朵状态会持续很长时间,而且会开出非常漂亮的象牙色花朵。可惜的是早上开的花朵渐渐分裂,1天就凋谢了。

06 花朵凋谢后,秋葵的果实会渐渐变大,5天左右就能收获了,如果放任不管会变硬——就不能食用了。秋葵的种子有红色、褐色、绿色等多种颜色。

TIP

为了食用而采下的生长中的种子呈现出尚未成熟的白色,种子成熟之后会呈现出褐色。

效能及应用

富含纤维质的秋葵在降低胆固醇、预防糖尿病、预防肥胖、排出肝脏毒素、皮肤美容等方面有很好的效果。收获的果实可以生吃,也可以用来炸,制作炒菜、酱菜、沙拉等。

43

※ 难易度：★★☆☆☆
※ 门类：伞形科所年生（茴香），1年生（小茴香）
※ 原产地：地中海沿岸

1. 日照量：向阳地，半阳地
2. 浇水量：关爱适量或稍微多一些
3. 种子大小：比芝麻粒大
4. 播种时间：3月～5月初，8月末～初秋
5. 冬季管理：多年生茴香有一定的御寒能力，可以在室外种植
6. 病虫害：可生蚜虫
7. 推荐花盆尺寸：推荐使用高度为20厘米以上的花盆

适合 烤鱼用的 茴香

　　茴香和小茴香可以增进母乳，有助于孕产妇的身心健康，而且还能活用到很多的料理中，是非常实用的香草。发芽率很高，种植的时候无需任何负担，而且也不难种植。但是，由于生长速度快，如果光照不足会出现严重的徒长。

　　朗姆曾经见过阴雨天在室内窗台上种植的出现徒长现象的小茴香。即使如此，由于可以放到各种料理中，而且还无需太多本钱，因此会让人感到无比满足。第二年的时候种下大茴香的种子，在肥料上花些精力，尽量保证充足的阳光就不会出现徒长情况，还能像竹子一般结实粗壮。

茴香和小茴香培植

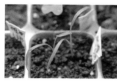   

01 茴香和小茴香的发芽率很高，3月播种也全部都能发芽。茴香的叶子要比小茴香稍微大一些。

02 发芽10天后大茴香的主叶就能长得很长，需要将其临时移植到小盆中。

03 移植1个月后就会长成图中的状态。茴香会长得很大，因此需要保证每个花盆1棵。

04 发芽2个月后即可长成可以收获的程度。从外层叶子开始收获才能保证里侧继续长出新叶。

 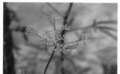  

05 叶子变大的同时茴香的根部也会变得粗壮。尤其是可以用来做菜的茴香根部会更为粗壮。

06 夏季天气一热就会开出黄色的花朵。茴香和小茴香的花朵长得很像。

07 与拥有粗壮根部的茴香不同，小茴香的根部像竹子般呈一字形。

08 还有叶子呈褐色的茴香品种。

TIP

多年生茴香可以通过根部来过冬，因此当天气开始变冷，最好将枝丫剪短。待抽出花轴的时候，如果想继续收获则需剪掉花轴。

效能及应用

茴香和小茴香在增进母乳、缓解失眠、皮肤美容、促进消化、镇定等方面效果显著。尤其是茴香还以有助于减肥而闻名。种子和叶子都很实用，与面包、香草油、香草醋等都非常搭调。叶子既可以用来制作寿司，烤肉和烤鱼的时候也可以使用，可以用来制作香辛料的种子也能泡茶喝。

44

难易度：★★☆☆☆
别称：香蜂草
门类：唇形科多年生
原产地：地中海沿岸、西亚

1. 日照量：向阳地、半阳地
2. 浇水量：关爱适量或稍微多一些
3. 种子大小：芝麻粒大小
4. 播种时间：4月~5月初，8月末~初秋
5. 冬季管理：根部有一定的御寒能力，可以在室外种植
6. 病虫害：不易发生病虫害
7. 推荐花盆尺寸：推荐使用高度为17厘米以上的花盆

充满浓郁柠檬香的 蜜蜂花

　　蜜蜂花是受到很多人喜爱的香草。种植起来不难，而且还能散发出隐隐的柠檬香，因此更受欢迎。

　　朗姆是通过博友间的分享得到蜜蜂花而来种植的，其他香草会因为梅雨季节过湿或病虫害的影响而出现内部腐烂的情况，而蜂蜜草基本上不会出现这种情况。虽然发生过一次叶片边缘褐变的情况，但马上就恢复到原来的模样。当然了，朗姆也不是从一开始就将它养得很好。刚开始的时候没想那么多就将它种在了公司楼顶的花坛里，但却因为过热而导致了死亡，却激发我下决心要将蜂蜜草养好。

蜂蜜草培植

01 蜂蜜草的发芽率很高，但也会根据种子的状态而有所不同。新购入的蜂蜜草会很容易长出新芽。

02 由于长出了主叶，因此需要间苗后临时移植到小盆中。

03 蜂蜜草的叶子又长大了，因此又进行了一次分盆。蜂蜜草如果水分管理不好的话，叶片边缘会很容易变成褐色。

04 枝丫长出很多则需要剪枝，使其能更加茂盛。朗姆为了去除严重的褐变部分而进行了剪枝。

05 这是夏季变得更加茂盛的蜂蜜花。它喜欢稍微湿一点的环境，因此适量的梅雨反而会促进其生长。

06 冬季通过根部来越冬，因此最好剪掉已有的枝丫。室内可以幼芽的状态越冬。

TIP

蜂蜜草的叶子颜色在秋天的时候可以变成黄色，此时剪掉枝丫做越冬准备的话会比较好。在光照较强的盛夏需要将其移到稍微阴凉点的地方。

效能及应用

蜂蜜草在疲劳恢复、解热、治疗伤口、昆虫蜇咬或狗咬、皮肤美容、防脱发、抗酸化等方面有很好的效果。叶子主要用来煮茶喝，或者掺一点到寿司和汤中。用它煮成的水可以用来洗澡、洁面、洗头。朗姆用它来做香草醋洗发水。

45

* 难易度：★★★★☆
* 别称：玫瑰茄、山茄
* 门类：锦葵科1年生
* 原产地：热带亚洲、西非

1. 日照量：向阳地、半阳地
2. 浇水量：关爱适量
3. 种子大小：比牵牛花的种子稍微大点
4. 播种时间：4月~5月初
5. 冬季管理：在温暖地方种植的话，可以变成多年生
6. 病虫害：可生蚜虫等害虫
7. 推荐花盆尺寸：推荐使用高度为20厘米以上的花盆

一天就会凋零的 洛神葵

　　在阅读有关香草方面书籍的时候，当看到洛神葵花朵照片的瞬间就因为它的美丽而下定决心"一定要养它！"。可惜的是洛神葵的花苗很难买到，因此只能将这个愿望埋藏在心底。当时，有位博友邀请我去看正开着花的洛神葵。天哪，竟然能看到罕见的洛神葵花！我风风火火地赶了过去。上午的时候虽然只能看到稍微张开的花朵，但它那类似于蕾丝裙摆的粉红色花朵让我至今难以忘怀。不是都说只要诚心就能实现愿望的吗？现在我也通过分享得到了种子，每天都能看到它的成长。

洛神葵培植

01 将种子放在水中泡一晚上再种的话发芽率会很高, 所有的种子都能发芽。洛神葵的子叶很大。

02 移植到大花盆的洛神葵发芽后1个月就会长出很多主叶。由于洛神葵会长得很大, 因此最好每个盆里只种1棵。

03 夏季一到, 枝丫会变长, 叶子也会变成手掌模样, 洛神葵的枝丫会呈现出红色。

04 叶片边缘会生出又小又红的花轴。入秋之前都会呈现花轴的形态, 到种子成熟之前需要很长时间, 因此尽快开花有利于采种。

05 洛神葵会在光照时间短的秋季开花, 而且一般会在早上开花, 1天之内就会凋谢。

06 花朵凋谢后会出现红色的花托, 里面有成熟的种子。红色花托晒干后可以用来煮茶喝。

TIP

如果想早点看到洛神葵的花朵, 可以在下午5点至上午8点之间用黑色塑料袋或黑布将其罩上以阻断阳光。可以用剪下的枝丫进行插枝繁殖。

效能及应用

富含抗酸化成分和维生素的洛神葵在疲劳恢复、防止脱发、治疗头皮、高血压、咳嗽等方面有很好的效果。一般花谢之后, 其用花托包裹住的果实经常会被用来煮茶。此外还可以用来制作果汁、果酱, 叶子和叶柄可以用来拌沙拉。

$\mathcal{46}$

❋ 难易度：★★★☆☆
❋ 别称：柳薄荷
❋ 门类：唇形科多年生
❋ 原产地：南欧

1. 日照量：向阳地
2. 浇水量：关爱适量或稍微少一些
3. 种子大小：芝麻粒大小
4. 播种时间：3月～5月初，8月末～初秋
5. 冬季管理：有一定的御寒能力，可以在室外种植
6. 病虫害：不易发生病虫害
7. 推荐花盆尺寸：推荐使用高度为17厘米以上的花盆

叶子中充满薄荷香的 海索草

　　虽然家里有很多海索草的种子，但却经常很晚才想起来播种。因为它并没有什么非常出众的地方，也不是我一定要种的香草，而且它是很容易就能获得种子的香草。即便如此还是想养养看，结果没几天就发出了嫩芽，并以非常快的速度生长。由于我想看看以这种速度会长到什么程度，因此就没有剪枝，结果它竟然长得如小孩子般高。而且还不倒，看到如此奇特的海索草真是让人爱不释手啊。当其他的香草都开出美丽花朵的时候，它只是通过叶子散发出淡淡的薄荷香，看到它深紫色花朵真是太激动了。

海索草培植

01 海索草的发芽率很高，种下没几天就能发出新芽。如果新芽过多则需要间苗。

02 待它长出主叶，根部长出盒子的时候需要立即分盆。省略掉临时移植的步骤。

03 发芽1个月后，茎部下端就会发生木质化，在根部下方会长出枝丫。

04 图中为已经长出很多主叶的海索草。叶子和茎部都已经发育很好。叶子中可以散发出类似于薄荷的香气。

05 海索草的茎部可以长很长。对中间的枝丫进行剪枝可以使之长得更茂盛。大家可以用剪下来的枝丫来尝试插枝。

06 夏季至秋季会开出粉红色、紫色、白色系的花朵。多种颜色的花一起开放会更加艳丽。

TIP

海索草是神圣的香草，圣经中提到的"牛膝草"就是海索草。与叶片形状类似于猫薄荷的"冰海索草"不同，其叶子形状更像法国熏衣草。

效能及应用

海索草对于感冒、关节炎、杀菌、预防高血压、皮肤疾患、退烧、哮喘、跌打损伤等方面都有很好的疗效。它的叶子中还含有能够用来制作盘尼西林的颗粒，抗生效果非常显著。叶子可以煮成茶，还能用来沐浴、洁面，也可以少量放入料理中。不能过度服用，而且孕产妇禁用。

47

※ 难易度：★★☆☆☆
※ 别称：西洋薄荷
※ 门类：唇形科多年生
※ 原产地：欧洲、亚洲、美洲

1. 日照量：向阳地，半阳地
2. 浇水量：关爱适量或稍微多一些
3. 种子大小：非常小
4. 播种时间：4月～5月初，8月末～初秋
5. 冬季管理：有一定的御寒能力，可以在室外种植
6. 病虫害：能发生病虫害
7. 推荐花盆尺寸：推荐使用高度为20厘米以上的宽口花盆

充满浓郁爽口气息的 薄荷树

　　一提到清爽的香气，最先想到的应该就是薄荷树了。它的种类有很多，还有像苹果薄荷树、菠萝薄荷树一样散发出甜甜味道的品种。将它的茎部剪掉插到水中或泥土中即可长出根部，也不用担心冬季会冻死，它是具有顽强生命力的、能够轻松种植的香草。朗姆也被它的这种特性所感染，养了5种以上的品种，正是由于它强大的繁殖能力，所以一点都不费心。剪掉根部或枝丫放到花盆里，覆上土即可进行种植。刚开始的时候将不同品种的薄荷树种到了一起，结果出现了杂交的现象，匆忙之间又分开种植，现在还对当时的情况记忆犹新。

薄荷树培植

01 薄荷树属植物的发芽率大多不高，薄荷算是其中发芽率最高的了。3月播种也能发出新芽。

02 发芽1个月后即会长出很多主叶，根部也会长出盒子。此时需要将其暂时移植到小盆中，以确保其能茁壮成长。

03 移植后让它接受充足的光照即会发出很多的新杈。如果茎部出现弯曲，则很容易完成插条。

04 待薄荷的主叶和新杈长到一定程度的时候需要将其移到更大的花盆中。分盆的时候，将其分棵种植也能完成繁殖。

05 待叶片长长的时候可以剪枝收获，同时还能对其进行修型。用剪下的枝条插枝能很容易长出根部。

06 夏天一到，层层叠叠蔓延的薄荷树开出了花朵。它的花期很长，如果想一直收获叶子的话则需剪掉花轴。

TIP

留兰香、苹果薄荷等品种能开出与薄荷花相似的花朵，也能开出与巧克力薄荷等不太一样的呈圆形的深粉色系的花朵。如果在附近种上不同种类的薄荷则会出现杂交现象。韩国的薄荷也属于薄荷树的一种。

效能及应用

薄荷树在祛除口腔异味、杀菌、防虫、增进食欲、保持头皮健康及去屑、化解粉刺、减轻肌肉疼痛、收缩毛孔等方面有很好的功效。可以泡茶喝，还能加入到各种料理中，还可以用来制作糖浆、莫吉托鸡尾酒、果冻、香草醋洗发水、香草盐等物品。此外，还能用来洁面和沐浴。

薄荷属植物如果在同一空间种上多种薄荷的话会很容易出现杂交的现象，因此薄荷的种类和香味也是多种多样的。在这些种类中，朗姆从种子开始种植的是可以用来制作精油的薄荷。

01 菠萝薄荷

正如它的名字一样，叶子中能散发出香甜的菠萝香。叶子边缘有黄色的花纹是它的特征。强力推荐给喜欢清淡香味的朋友们。

02 苹果薄荷

苹果薄荷是在市面上很容易买到的香草品种，柔软圆润的叶片可以散发出苹果香。也许正是由于这种香甜的味道才致使它成为了很容易生虫子的品种。叶子偶尔也会变成黄色，由于它的味道甜美，品种多样，因此受到了很多朋友的喜爱。

03 留兰香

留兰香这个名字大家应该是通过口香糖而了解的吧？由于薄荷可以去除口腔异味，能给人清爽的感觉，因此常被用来制作牙膏和口香糖。如果您曾经尝试过种植薄荷，但却失败了，那么可以选择留兰香来种植，因为在薄荷品种中它属于容易种植的类型。对了，它与薄荷长得很像，大家千万不要弄混哦！

04 巧克力薄荷

朗姆最喜欢的薄荷属植物便是巧克力薄荷了。虽然随着它的成长会变成接近绿色，但它根部发出的紫色系新杈更加可爱。由于叫巧克力薄荷，因此可以散发出类似巧克力的味道，其实这并不是巧克力的味道，而是巧克力中掺有薄荷的薄荷巧克力香。巧克力薄荷比其他种类的薄荷更加不耐旱，因此夏季时需要及时浇水。

红花苜蓿

苜蓿

下面向大家介绍一下拥有薄荷树般强大繁殖能力的多年生豆科香草——红花苜蓿。我们平时经常能看到开着白色花朵的苜蓿对吧？还会有很多朋友记得以前总是用苜蓿花来制作花冠、手镯和戒指吧？朗姆小时候也经常用苜蓿花来制作戒指，还能回忆起将其晒干制成书签的事情。

不仅兔子等动物能吃苜蓿，我们人类也能吃，这个事实大家知道吗？我们主要食用它的幼苗，因为它的幼苗具有缓解神经系统、胃部不适、净化血液、增加能量等效能。朗姆也曾种过苜蓿幼苗，口感很柔和，而且它还含有豆科植物共有的根瘤菌，可以给土壤供给氮，使土壤更有养分。

在苜蓿种类中被作为香料而广为使用的就是红花苜蓿！叶子和花朵比一般的苜蓿要大，而且能开出深粉色的花朵，因此还可以用来观赏。在增强免疫力、净化血液、治疗心脏疾患、止血、炎症、感冒等方面有很好的效果。它可以榨成汁喝，还可以用来炸，制成沙拉、茶等。

48

※ 难易度：★★☆☆☆
※ 别称：九层塔、气香草
※ 门类：唇形科1年生
※ 原产地：热带亚洲、非洲

1. 日照量：向阳地、半阳地
2. 浇水量：关爱适量
3. 种子大小：芝麻粒大小
4. 播种时间：4月～5月初
5. 冬季管理：最好春季重新种植
6. 病虫害：易生蓟马
7. 推荐花盆尺寸：推荐使用高度为17厘米以上的花盆

与番茄是绝配的 罗勒

　　如果是对香草有兴趣的朋友就一定会尝试种罗勒的，这不仅是因为它的种子很容易得到，而且还因为它可以用到很多的料理中。朗姆在决定从种子开始种植香草的时候，最先想到的就是罗勒，种下种子后很快就能长出幼苗来。即使放在缺少光照的窗台上也能很好地成长——真是个特别的小东西，而且还能随时收获到罗勒叶！我当初被罗勒的魅力所倾倒，结果就买回了种子。如果您已经厌倦了养发芽率低的香草，那么就一定要尝试一下罗勒的种植！

罗勒培植

01 罗勒的发芽率很高，但对温度却很敏感。4月初播种会很快发芽，但若在3月初播种的话，会经过很长时间才能发芽。

02 待长出小小的主叶后，需要将过多的幼苗剪掉，然后临时移植到小盆中。刚开始的1个月是成长停滞期。

03 待罗勒的主叶想要开始第二次发育的时候，需要将其移植到稍微大一点的花盆中。如果您用的是小花盆，那么最好保证每盆1棵。

04 如果罗勒的茎部长得过长，可以将1~3节以上的叶子剪掉。剪掉的部分会重新发出两个枝丫，使之变得更加茂盛。

05 可以用剪下的枝条入菜，也可以用来插枝，会很容易长出根部的。

06 夏季天气转暖后叶子会变得更大，成长速度也开始加快。可以偶尔收获一些叶子用来入菜。

07 夏季的时候不仅成长速度会变快，还会开始抽出花轴。如果您想继续收获叶子则需剪掉花轴，花轴还会继续长出来的。

08 天气转冷的话，可以不管花轴，让其开花。即使不进行人工授精，也能结出果实。

效能及应用

罗勒在缓解头痛、杀菌、便秘、失眠、感冒、皮肤美容等方面有很好的效果。叶子主要用来制作意大利面、比萨等意大利美食，也可以泡茶喝，此外还可以制作香草盐、香草醋、精油等。将一勺罗勒种子加入到装有水的杯子中会出现白色的食物纤维膜，而且它们能膨胀为原来的近30倍，将这些膜吃掉的话会产生饱胀的感觉，有利于减肥。

市面上销售的罗勒大部分都是可以用在料理中的甜罗勒。但了解之后会发现，根据叶片大小和形状可以分为很多种。有比甜罗勒的叶子还要大的品种，也有比它小的品种，还有叶片呈紫色的品种。如果您很喜欢罗勒的话不如尝试一下种植多个品种的罗勒吧！

01 大叶罗勒

　　罗勒叶一般都是甜罗勒般大小，但也有可以长到用来包饭程度的品种。最具代表性的当属大叶罗勒了，由于它的叶片很大，因此即使收获一点儿就足够用了。

02 迷你罗勒

　　迷你罗勒、希腊迷你罗勒等都属于此种类。它们的叶片非常小，更适合用来观赏。如果您的空间比较小，也可以种到小花盆中养。与一般的小叶罗勒会呈卷曲状不同，它的叶子是呈扁平状的。即使在不属于迷你罗勒的品种中，也存在可以散发出柠檬香气的柠檬罗勒等品种。

03 紫叶罗勒

　　还有叶片呈紫色的罗勒品种。如果将紫叶罗勒加入到油或醋中会变成红色，加入到菜中会使之变成非常独特的颜色。但是种子长出来的并不都是紫色的罗勒，偶尔还会出现一些绿色的或绿紫混合的品种。

TIP

　　甜罗勒和柠檬罗勒开的是百色花，而紫叶罗勒开的是淡紫色花。

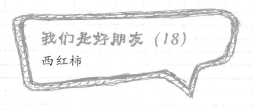

我们是好朋友 (18)

西红柿

　　下面向大家介绍一下与罗勒最般配的茄科香草——西红柿。在西餐中，罗勒和西红柿往往都是一起出现的，因此二者非常搭调。光是看我们常见的意大利面、西红柿罗勒沙拉、比萨等料理就很清楚了，不是吗？不仅是料理，如果将二者种在同一空间的话，会相互照应，长得会更好。西红柿现在被广泛种植在屋顶、周末农场、阳台、宅基地，但由于朗姆对果实蔬菜并不感兴趣，因此之前一直没有种植。后来通过博友之间的分享得到了它的种子后开始种植，却意外感受到了种植它的乐趣。待花朵凋谢长出果实的时候，每天都在等待着它能长出红红的果实，那种感觉非常充实——但却被突然消失的果实感到备受打击。因此决心第二年的时候一定要好好养，让它能结果。由于平时在超市总能看到西红柿的身影，因此基本上都将它的功能忽略掉了，是吧？西红柿在抗癌、预防糖尿病和高血压、促进消化、预防肥胖、皮肤美容等方面都有着惊人的效果。多吃西红柿会变得更加美丽健康。

TIP

只要牢记如下事项即可轻松种植西红柿。

　　① 尽可能在大号花盆中翻好干净的土和肥料，这样才能长出满满的果实。底层土壤会出现营养不足或进入细菌的情况。

　　② 因为它的茎部能长到2米以上，因此需要准备好支架。在这里朗姆推荐大家种迷你西红柿。

　　③ 去除叶柄间长出的枝芽才能阻止营养成分分散。待长出4～7个花骨朵时即可剪掉花轴的主干。花盆尺寸越小越需要尽早剪掉，这样才能保证结出饱满的果实。

49

※ 难易度：★★★★☆
※ 别称：秘鲁香水草、苦龙胆草
门类：紫草科多年生
原产地：秘鲁

1. 日照量：向阳地、半阳地
2. 浇水量：关爱适量
3. 种子大小：比芝麻粒小一些
4. 播种时间：4月～5月初，8月末～初秋
5. 冬季管理：冬季需在室内种植
6. 病虫害：通风不好会生病虫害
7. 推荐花盆尺寸：推荐使用比基础花盆大1.5倍以上的花盆

极具蓝紫色诱惑的 天芥菜属植物

　　听名字就会觉得难养的天芥菜属植物能开出鲜明的紫色花朵，正是被这种紫色花朵所倾倒而买回来种植。它的花朵能散发出巧克力的味道，没有不买的理由啊。但是，虽然很想养好，却总是会出现褐变现象，真是让人头疼。虽然它不需要太多的光照，但由于它不耐热，因此在水分的供给方面要求非常高。朗姆曾经尝试过种种子和小苗，撒在盒子中的种子却只发出了一棵幼苗。无论买来的小苗的花朵多么艳丽，也没有从种子开始种植的香草更让人感到珍贵。

天芥菜属植物培植

01 天芥菜的种子很贵, 而且发芽率也很低。4月份播种只发出了1棵幼苗。

02 发芽1个月后会长出主叶, 此时将其临时移到了小盆中。虽然光照并不充足, 但也没有出现徒长的情况。

03 移到小盆2周后, 主叶变大, 数量增加。再分一次盆会长得更茂盛。

04 天芥菜的花朵是由很多紫色的小花聚集到一起形成的大花球。花期长, 而且只要保证温度不是过低, 一年四季都能开花。

05 如果想让它的茎部更加茂盛可以剪枝。剪掉凋谢的花朵可以抽出新的花轴继续开花。

06 夏季炎热, 水供给不合理, 或者叶片上沾有水分的情况会很容易发生褐变, 因此夏季的时候需要将其移到凉快的地方。

TIP

光照越强, 天芥菜花朵的颜色会更深。光照不足, 会呈现淡紫色。

效能及应用

具有退烧、解毒等功效的天芥菜在市面上一般都用来做香水或化妆品的原料。但可惜的是它的根部具有毒性, 因此在家种植主要是为了观赏, 花朵可以用来制成标本。

※ **难易度：**★★★☆
※ **别称：**马薄荷
※ **门类：**唇形科多年生
※ **原产地：**北美

1. **日照量：** 向阳地、半阳地
2. **浇水量：** 关爱适量或更多一些
3. **种子大小：** 芝麻粒大小
4. **播种时间：** 3月～5月初，8月末～初秋
5. **冬季管理：** 根部有御寒能力，可以在室外种植
6. **病虫害：** 易生蓟马
7. **推荐花盆尺寸：** 推荐使用高度为20厘米以上的花盆

充满热情花色的漂亮的 美国薄荷

　　可以与蔷薇充满热情的花朵相媲美的当属美国薄荷了。王冠状的花朵和浓郁的色彩让人不觉能联想到性感的女性，而且还能散发出与性感相配的浓郁的香气。因此，可以用来制作香水。美国薄荷因为能散发出"美国脐橙"的香气而得名。

　　朗姆也是被它的这种热情所感染而买来了种子。本以为它会因为它的华丽而难养或者发芽率会低，但令人欣喜的是竟然发出了很多芽。美国薄荷不仅外表华丽，而且还很贴心。

190

美国薄荷培植

01 美国薄荷的发芽率很高，3月份播种也发出了很多幼苗。朗姆种的是1年生柠檬美国薄荷。大部分的美国薄荷都是多年生。

02 发芽1个月后长出了主叶，根部长出盒子后需要适当间苗，并将其临时移到小盆中。

03 柠檬美国薄荷初期成长非常缓慢，发芽1个月之后主叶还是很小。待主叶长大一点儿需要将其分盆到大一些的花盆中。

04 分盆2周后，叶子和茎部都会变长。成长速度也开始比初期的时候快。

05 如果想让它的枝丫更加茂盛可以进行剪枝。用剪下来的枝丫插枝很容易就能长出根部。

06 夏季天气转暖会开出艳丽的花朵。其他种类的美国薄荷一般都开单层花，而柠檬美国薄荷会开出多层紫色花朵。

TIP

如果想尽快看到美国薄荷的花朵，那么在它开花之前就不要剪枝。它的另一个名字来源于西班牙医生、植物学家monardes的名字。

效能及应用

美国薄荷在皮肤美容、稳定心脏、杀菌、消毒、养发等方面有很好的效果。叶子和花朵可以用来煮茶，还能与红茶一起搭配饮用。此外，还能用来沐浴、洁面、洗头。也可以用来制作香草醋洗发水。美国脐橙有时也被称为美国薄荷，千万不要弄混了呦！

　　夏季移到花坛中的美国薄荷就会开出粉红色、红色、深粉色等多种颜色的花朵，花朵的颜色非常鲜明华丽，一下子就能映入人们的视线。美国薄荷大概有20多个品种，但一般被种植的也就那么2~3种。在韩国，可以开出散发柠檬香的多层花朵的一年生品种称为柠檬美国薄荷。可以通过根部来越冬的多年生品种被称为美国薄荷。朗姆从种子开始进行种植的正是柠檬美国薄荷。它与多年生美国薄荷的叶片形状是不同的。

　　美国薄荷的花朵在凋谢的时候是从内侧的花瓣开始，就像我们人类的秃顶一样。若想真正享受到它的美丽，最好是将其种在花坛里。因为种在花盆里没有办法让它长到原本的大小。

　　如果自己家的空间不足，需要到别的地方欣赏的话，可以在夏季的时候去香草农场。在那里，很容易就能看到五颜六色的美国薄荷。

　　大家听说过利于美容的美国薄荷肥皂草吗？它是对皮肤很好的幽香的天然肥皂。这次要给大家介绍的就是可以用来制作肥皂、洗发水、洗涤剂的肥皂草。正如它的名字一样，它可以出现肥皂泡，可以用来制作肥皂，属于石竹科多年生香草。它能出现肥皂泡正是因为它含有天然肥皂的成分——皂角，但由于它的皂角成分过多，因此一定要注意不要食用。此外，它对于湿疹、脓包等皮肤问题，炎症等方面有很好的效果。

　　朗姆也是想用它来洗头、洗衣服才买来种子种植的，但尝试好多次都没有发出芽来。可能是意外吧。虽然它的种子和小苗并不很容易能购买到，但它不易发生病虫害，而且还有很强的御寒能力，是非常奇特的一种香草。

51

※ 难易度：★★★☆☆
别称：受难果、百香果
门类：西番莲科多年生
原产地：美洲

1. 日照量：向阳地、半阳地、半阴地
2. 浇水量：关爱适量
3. 种子大小：比芝麻粒大，比南瓜子小
4. 播种时间：4月～5月初，8月末～初秋
5. 冬季管理：冬季需要在室内种植
6. 病虫害：不易生病虫害
7. 推荐花盆尺寸：推荐使用20～30厘米以上的大花盆

像手表的 西番莲

　　大家都知道花朵形状非常像手表的西番莲吗？真是像的不得了，朗姆第一次看到的时候也连连感叹。其实它的原名是意为"基督受难之花"的"受难果"。可以食用的西番莲果实叫做"百香果"。也许是为了与它的名字搭配，它的花语为"神圣的爱情"。

　　朗姆之前对西番莲一点都不了解；是通过已经养了很多新奇植物的一位博友得到的小苗。现在已经养了5种以上的西番莲，除了它会长得很高之外，管理方法简单，非常好养。

西番莲培植

01 西番莲的种子很难买到，而且发芽需要花费1个月的时间。朗姆através博友的分享得到是豆荚西番莲。

02 得到小苗后需要进行分盆。大部分西番莲的品种都会长得很大，因此最好种在大花盆中。豆荚西番莲属于相对较小的品种。

03 西番莲属于藤蔓植物。成长的过程中会沿着支架向上攀爬，因此需要准备好支架。

04 分盆1个月之后就会长满花盆。下方会持续长出新的枝蔓，会变得更加茂盛。

05 天气一变热，枝丫上就会抽出花轴，然后开出手表形状的花朵。西番莲的花朵1天就会凋谢，但它会一直开出新的花朵。

06 花朵受精后会结出果实。外加西番莲的花朵和种子比较小，因此只能用来采种，而其他品种的西番莲果实都是可以食用的。

07 西番莲不耐寒，因此冬季需要将其移到室内。将枝丫剪短，春季会长出新叶。

08 大部分的西番莲花朵都很大。在多种西番莲品种中，最有名的当属蓝天西番莲。

TIP

西番莲属于可以长得很大的香草，需要占用许多空间，但由于它不耐寒，因此并不适合种在花坛里。相反，它有很强的抵御病虫害的能力，而且即使光照不足也能茁壮成长，因此只要有足够的空间就很容易种植。用剪下的枝丫插枝可以长出根来。

效能及应用

西番莲在缓解神经痛、镇定、止痛、预防高血压、稳定情绪等方面有很好的效果。平时主要食用被称为百香果的果实。

195

52

难易度：★★★☆☆
※ 别称：莫角兰
※ 门类：唇形科多年生
※ 原产地：南欧、西亚等

1. 日照量：向阳地、半阳地
2. 浇水量：关爱适量或少一些
3. 种子大小：比芝麻粒小
4. 播种时间：3月～5月初，8月末～初秋
5. 冬季管理：部分品种的根部有御寒能力，可以在室外种植
6. 病虫害：不易放生病虫害
7. 推荐花盆尺寸：推荐使用高度为17厘米以上的宽口花盆

意大利菜的至亲 牛至

　　如果您比较关注意大利料理的话就一定会听说过牛至。牛至因为会加入到很多意大利料理中而出名。朗姆虽然基本上不做意大利料理，但为了也许哪天能用上而不停地收集收获的叶子。朗姆曾经没能正确掌握好使用它的方法，因为干叶中并没有香味散出，因此很怀疑是否能用来入菜，在做意大利面的时候将作为礼物收到的干叶全部加入到了面中，结果味道和香气非常浓重！那种味道正是意大利料理中经常能闻得到的味道。此后，在制作香草盐和腌菜的时候都会用到它。

牛至培植

01 牛至的发芽率很高，3月份播种也会马上发出新芽。被称为莫角兰的甜莫角兰的发芽率也很高。

02 待长出主叶，根部长出盒子的时候需要将其临时移植到小盆之中。发芽1个月左右主叶就能变得很厚。

03 将其移到更大一些的花盆中主叶会变得更大，而且枝丫也会变长，就像是市面上卖的牛至苗一样。

04 如果牛至的枝丫长得过大则需要剪枝，以此来增加枝丫的数量。剪下来的枝丫可以用来插枝或应用到很多地方。

05 晚春至夏季会开出由粉红色小花聚集而成的花球。将花风干后可以制成标本。

06 图中为称为莫角兰的甜莫角兰花。由于甜莫角兰不耐寒，因此冬天需要移到室内。一般的牛至根部有御寒能力，可以在室外越冬。

TIP

牛至和莫角兰在各国都被称为牛至或莫角兰，它们其实是属于同一类别的香草。在韩国常被称为牛至的是野生莫角兰。

效能及应用

牛至（莫角兰）在缓解各种疼痛、促进消化、治疗感冒、改善器官疾患、杀菌、防腐等方面都有很好的效果。经常会被加入到意大利面、煎蛋卷、比萨等各种意大利料理中，还可以用来制作香草茶、香草盐、香草醋等物品。

53

✽ 难易度：★★★☆☆
别称：西洋百里香
门类：唇形科多年生
原产地：欧洲、北非

1. 日照量：向阳地
2. 浇水量：关爱稍微少些
3. 种子大小：比芝麻粒小
4. 播种时间：3月～5月初，8月末～初秋
5. 冬季管理：有御寒能力，可以在室外种植
6. 病虫害：能发生病虫害
7. 推荐花盆尺寸：推荐使用15厘米以上的花盆

拥有卓越防腐效果的 百里香

　　黄柠檬百里香是朗姆最先种植的香草之一。它不仅能散发出清爽的柠檬香，而且黄色的叶片边缘也非常漂亮，所以就买了回来。但从我买回来开始就生了螨虫，逐渐干枯。当时由于对香草了解的还不是很多而导致没能救活黄柠檬百里香。经过那次的打击，很长时间都没有再养百里香的想法。当时家中有百里香的种子，怀着"试试看"的心情再次种植，庆幸的是这次竟然长得很茂盛。看来还是叶片边缘没有花纹的品种更容易管理啊。

百里香培植

01 我播撒的是百里香种子,发芽率很高,很快就长出了幼苗。如果长出太多的话可以间苗。

02 将其临时移植到了小盆中,待叶子变多后分盆到更大的花盆中。百里香植物的幼苗如果接收不到充足的光照,会很容易出现徒长的情况。

03 百里香的枝丫似在土上爬一样,此时最好通过剪枝来修整它的外形。可以用剪下来的枝丫挑战插枝。

04 百里香的根茎会发生木质化,长得像树一样。接触到底面的枝丫会长出根部变成压条。

05 发芽3个月后,枝干和已经成为压条的枝丫成长起来,枝丫会比刚开始的时候多。为了保证良好的通风需要偶尔剪枝和收获。

06 晚春至夏季随着天气的转暖会开出白色或粉红色系的花朵。从种子开始种植的话会比从小苗开始种植开花晚。

TIP

百里香在缺乏光照或过湿的情况下会出现病虫害。因此需要尽量让它接受充足的光照,注意梅雨季节的湿气。它与韩国土生土长的百里香长得很像。

效能及应用

百里香在古埃及用来给尸体做防腐剂。它在预防脱发、杀菌、促进血液循环、防腐、解酒、缓解头痛、改善忧郁症等方面有着很好的效果,还可以用来制作香草茶、香草盐、香草醋、香精油等物品。此外,也能加入到汤、煨炖菜等西餐中。需要注意的是它具有刺激性,如果想用来沐浴、洁面的话需要将其稀释后再使用。

百里香分为叶片边缘有花纹的品种和没有花纹的品种，有向上生长的直立型和在地上爬着长的匍匐型。与有花纹的品种相比，没有花纹的品种更容易种植，匍匐型品种更容易实现压条。

01 银斑百里香

银斑百里香属于叶片边缘有白色花纹的百里香品种。叶子形状非常漂亮，能让人赞叹不绝，但可惜的是很难在市面上买到。朗姆也只是在首尔江东区的香草天文公园亲眼看到过而已。

02 黄柠檬百里香

它是一种叶片边缘有黄色花纹的百里香品种。不仅叶片的纹理和颜色漂亮，还能散发出柠檬的香气，因此大受欢迎。可惜的是黄柠檬百里香是非常难伺候的品种。如果您只是因为柠檬香，而不是因为花纹而想种植的话，不妨尝试一下没有花纹的柠檬百里香如何？

03 香橙百里香

属于能散发出隐隐香橙香气的百里香品种。朗姆第一次见到它的时候，直到看到它的名片都还在怀疑它是不是百里香。它比一般的百里香叶子更长，它的花朵类似于牛至，是由粉红色小花聚集而成的花球，朗姆非常喜欢。

04 娄百里香

韩国原生的百里香也是百里香属植物中的一种。朗姆偶然在如美地植物园看到了娄百里香，它们告诉我它也是百里香的一种。寒冷的冬天也能看到绿色的叶子，可以强烈感受到它那顽强的生命力。

适合和孩子一起

种植的植物

大家知道其实孩子是很喜欢香草的这个事实吗？即使不是香草，种植植物对孩子来说也是很好的教育。既然这样，那就让我们和孩子们一起养一些容易种植的、还能让他们感兴趣的植物吧！

★ 含羞草

它以用手轻触即会蜷缩起来而闻名。它还被称为神经草，是中药药材的一种。孩子们是不会不对它感兴趣的。但是，如果总摸它的话也会给含羞草带来压力，而且它的茎上有刺，一定要注意别让孩子被扎到。另外，太冷或者水分不足的话会突然干枯的。

★ 小红萝卜

大家可以和孩子们一起种植很快就能长成收获的小红萝卜。只需20天就能收获，因此也称为"20日萝卜"。在阳台养的话会持续更长时间。小红萝卜小而可爱，似乎一口就能吃掉。种植周期短，孩子们一定不会感到烦的。

★ 千手草、万手草等

还记得我们以前学过的水蛭出芽法吗？其他植物都是通过种子、根部、插枝等方式进行繁殖，而它们却是需要通过出芽法来完成繁殖，即通过挂在叶片边缘的与自己长得很像的小"克隆"来完成的。孩子们可以通过种植它们来完成科学学习，还能感受到种植植物的乐趣，简直是一举两得！虽然是多肉植物，但也可以像对待花草一样来给它浇水，是非常好养的一个品种。

★ 西红柿

种植西红柿的话收获之后可以直接食用，因此孩子们都非常喜欢。虽然到收获为止需要等很长时间，但开花结果的这个过程会让孩子们充满期待。对了，迷你西红柿会比一般的西红柿好养。

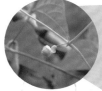

★ 黄豆

黄豆如果不发生病虫害的话，不费精力也能长得很好！很快就会开花，不通过人工授精也能结出豆荚，非常的奇特。部分黄豆品种的叶子还能食用。和偏食的孩子一起养黄豆可以诱导他们吃。

TIP

虽然有些繁琐，但还是希望大家能一起种植一些可以抓害虫的食虫植物。如果有花坛的话，可以养一些凤仙花。

54

※ 难易度：★★☆☆☆
※ 别称：圣约翰草、小叶金丝桃
※ 门类：藤黄科多年生
※ 原产地：欧洲、西亚

1. 日照量：向阳地、半阳地
2. 浇水量：关爱适量或更多一些
3. 种子大小：比芝麻粒小
4. 播种时间：3月～5月初，8月末～初秋
5. 冬季管理：根部有御寒能力，可以在室外种植
6. 病虫害：不易发生病虫害
7. 推荐花盆尺寸：推荐使用高度为20厘米以上的宽口花盆

忧郁症的 特效药 贯叶连翘

　　贯叶连翘是朗姆不得不爱的香草，因为它能开出朗姆喜欢的黄色花朵。因此，当它开出星形形状的花朵时，朗姆会非常兴奋。

　　如果您感觉它的名字记不住的话，可以记一下它的韩文名"圣约翰草"。这个名字一听就不一般，如果您觉得会和什么有关联的话那就太敏感了！都说它在洗礼者约翰逃亡途中帮助过他，大家都知道它是献给约翰的花。与它花朵形状相似的同科植物也被称为贯叶连翘，大家可千万别弄混了！

贯叶连翘培植

01 贯叶连翘的发芽率很高,种上后很快会长出新芽。它的新芽也非常小,隐隐约约能看见。

02 待长出主叶则需要将其临时移到小盆中。刚开始还很小的主叶在发芽后1个月后即可长到一定程度。

03 待枝丫长到一定程度,或者您买的是花苗,那么需要将其移到更大的花盆中。贯叶连翘的枝丫随着年份的增长而更结实。

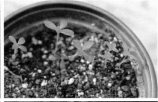

04 仔细观察叶片边缘会发现有黑点,传说是因为恶魔不喜欢它的香气而用针一点一点扎出来的。

05 如果想让枝丫更为茂盛,最好进行剪枝。可以用剪下的枝丫尝试插枝。

06 夏天会开出星形的黄色花朵,播种当年也有可能不开花。花瓣边缘有黑点。

TIP

花朵中流出的红色汁液传说是"洗礼者约翰的血"。因此将多些花放到酒精或醋中会使之变成红色的液体。它具有很强的繁殖能力和抗寒能力,即使冬季凋谢了,春天也会再发出新芽。

效能及应用

贯叶连翘不仅能治疗忧郁症,在治疗神经痛、伤口、抗菌、失眠、头痛、咳嗽、皮肤美容等方面也有很好的效果。花朵可以用来炮制花茶,沐浴的时候也可以使用,而且还能当成天然染料来使用。

55

※ 难易度：★★☆☆☆
※ 别称：荆芥、樟脑草
※ 门类：唇形科多年生
※ 原产地：欧洲、北美、亚洲

1. 日照量：向阳地，半阳地
2. 浇水量：关爱适量或更多一些
3. 种子大小：芝麻粒大小
4. 播种时间：3月～5月初，8月末～初秋
5. 冬季管理：根部有御寒能力，可以在室外种植
6. 病虫害：能发生病虫害
7. 推荐花盆尺寸：推荐使用15厘米以上的花盆

猫咪非常喜欢的 猫薄荷

　　正如它的名字一样，猫薄荷可以完全迷住猫咪，是猫咪非常喜欢的具有魔法的小苗。因此，喜欢猫咪和香草的朋友就一定会养它的。其实朗姆既不养猫，也不喜欢它的味道，因此对它并不是很感兴趣。但后来去一位博友的美容室时，他说他有很多小苗，因此就给了我两棵。当时没有空间，所以就没分盆，但是它竟然长得很好，真是很令我吃惊。它可以结出很多种子，即使分给周边的朋友也会剩很多。第二年，掉落的种子发出了新芽，长了很多，简直就成了猫薄荷的天国。

猫薄荷培植

01 直接将猫薄荷的种子洒在花坛里也能发出新芽来。3月份播的种子也长出了新芽。

02 待猫薄荷的根部长出盒子,需要将其临时移植到塑料容器中。如果幼苗太多则需要间苗。

03 发芽1个月后主叶就会长得很大。将其移植到更大的花盆中以促进其生长。

04 如果您希望它的枝丫长得更加茂盛则需要剪枝。可以用剪下来的枝条挑战一下插枝。

05 晚春至夏季天气转暖就会开出白色、紫色系的花朵。花期很长,后期很容易受精结出果实。

06 猫薄荷具有很强的抵御寒冷的能力,因此可以在户外过冬。室内则以根部长出的幼苗形式越冬。

TIP

猫薄荷并不能引起所有猫咪的兴趣。越小的猫咪会越没感觉。猫咪喜欢的花草包括被统称为猫咪草的燕麦、黑麦、大麦等。

效能及应用

主要用来做香草茶和猫咪玩具的猫薄荷在改善不孕、催眠、驱虫、退烧、缓解胃部障碍、腹泻、感冒、稳定精神等方面有着很好的效果,此外还可以加入到沐浴水中,也可以用来泡酒。

56

※ 难易度：★★☆☆☆
※ 别称：柠檬香草
※ 门类：禾本科多年生
※ 原产地：东南亚

1. 日照量：向阳地、半阳地
2. 浇水量：关爱适量或更多一些
3. 种子大小：芝麻粒大小
4. 播种时间：4月～5月初，8月末～初秋
5. 冬季管理：冬季需在室内种植
6. 病虫害：不易发生病虫害
7. 推荐花盆尺寸：推荐使用高度为17厘米以上的花盆

虽然生得像杂草但却充满柠檬香的 柠檬草

　　看到柠檬草的瞬间您的第一反应会不会是〝这真的是香草吗？看起来像杂草！〞这样想的呢？这可不是杂草！它叫做柠檬草。如果怎么观察都区分不开的话可以用手撕一下叶片，柠檬草的叶片会散发出柠檬的清香。

　　就如它朴实的外表一样，柠檬草的叶片即使长得很长也不会弯曲，而是直直地向上。梅雨季节即使有强悍的暴雨，其他香草都已经折了，而它还能保证屹立不倒，而且还不易发生病虫害，真像杂草般坚强啊。可惜的是它与杂草不同，它不耐寒，因此冬季的时候需要将其移到室内。

柠檬草培植

01 3月中旬种下了5粒种子，只有一粒种子发芽了。刚开始的时候很小，给人一种若隐若现的感觉。

02 发芽1个半月后主叶会长得很长，此时需要将其移植到小盆中。

03 这是接收到了充足的光照后长得更大的模样。此时需要将其移到更大花盆中。

04 分盆后会从它的根部长出新杈。可以掰下新杈进行繁殖。

05 分盆2周后原本绿色的根茎发生了褐变，并开始变粗。比刚开始的时候更结实了。

06 分盆1个月后叶子会迅速变长。如果是小花盆的话，它会长得比花盆还要大。

TIP

浇水的时候最好不要让水接触到叶子。如果叶子过长可以将其剪掉，会有助于保持干净整洁。剪掉之后还会再长出来，所以不用担心。与其他香草不同的是，即使收获的叶子已经干枯了，它的体积也是不会减少的。

效能及应用

柠檬草在缓解忧郁症、减压、杀菌、防虫、贫血、促进消化、皮肤美容等方面有很好的效果。叶子主要用来泡茶，根茎上的白色枝丫常被加入到汤、鱼、鸡肉料理中。不仅能用来制作化妆品、肥皂等美容产品，还能制成害虫不喜欢的防虫剂。

57

* 难易度：★★★☆☆
* 别称：土藿香、大叶薄荷
* 门类：唇形科多年生
* 原产地：韩国

1. 日照量：向阳地
2. 浇水量：关爱适量
3. 种子大小：芝麻粒大小
4. 播种时间：3月～5月初，8月末～初秋
5. 冬季管理：根部有御寒能力，可以在室外种植
6. 病虫害：虽然能发生病虫害，但它自身具有很强的抵御能力
7. 推荐花盆尺寸：推荐使用17厘米以上的花盆

可以去除辣汤中腥味的 藿香

　　藿香是韩国固有的香草。在一次旅行中偶然发现了它，紫色的花朵给我留下了很深的印象，以至于对它的名字很好奇。拍下了照片传到了博客上才知道原来它叫做藿香。它不仅花朵美丽，还经常被加入到辣鱼汤、饼等料理中。朗姆怎么可能错过这么实用的香草呢？跑到博友家挖了一棵回来种植。将小苗种到了花坛里，没想到它竟会有杂草般的繁殖能力，掉落到地上的种子以及从根部发出的新权都很好地实现了繁殖。

藿香培植

01 藿香的发芽率很高, 掉到花坛中的种子也很容易发出芽来。

02 藿香长出了主叶。如果根部长出了盒子则需要将其移植到小盆中。

03 待藿香长出更多的主叶则需将其移植到大花盆中。藿香会长得很大, 因此最好将其种在大花盆中。

04 分盆后接受到充足的光照会一直发出新叶。藿香的叶子与猫薄荷一样, 叶片边缘有锯齿。

05 如果想让藿香的枝丫更为茂盛可以剪枝收获。大家可以尝试用剪下的枝丫进行插枝。

06 夏季至秋季会开出紫色系的漂亮花朵。待完全盛开的时候可以用来观赏。

TIP

藿香虽然又被称为香油、花香油、大薄荷叶, 但了解之后才知道大薄荷叶其实是与藿香很像的野生花。叶片中可以散发出于印度饭店用来调味的茴香的味道。

效能及应用

藿香在促进消化、胃脏疾病、腹泻、感冒、祛除口腔异味等方面有很好的疗效。在韩国, 经常放到泥鳅汤、辣鱼汤、饼等料理中, 还可以用来制成香草茶。

$\mathscr{58}$

❋ 难易度：★★★☆☆
❋ 别称：淡啤酒艾菊
❋ 门类：菊科多年生
❋ 原产地：欧洲

1. 日照量：向阳地
2. 浇水量：关爱适量
3. 种子大小：比芝麻粒小
4. 播种时间：4月～5月初，8月末～初秋
5. 冬季管理：根部有御寒能力，可以在室外种植
6. 病虫害：能发生病虫害
7. 推荐花盆尺寸：推荐使用高度为17厘米以上的宽口花盆

可以用于驱蚊的 艾菊

　　朗姆第一次看到艾菊的瞬间觉得"好像蕨菜叶子啊"。艾菊不仅能驱逐害虫，苍蝇、蚊子都能驱赶。虽然之前对这些都了解，但当时还是第一次见过实物。由于它并不是朗姆所喜欢的香草因此没有购买。就这样，偶然发现了结束过冬长出来的艾菊幼苗。好柔软，好可爱啊。也许这就是艾菊的魅力所在吧。您要问我现在怎么样了？当初可爱的模样已经变成了蕨菜形。但也并不需要失望！因为我们还能感受到欣赏它如扣子般紫色花朵的快乐呢。

艾菊培植

01 艾菊种到了含肥泥炭盆中才发出了新芽。发芽率一般。

02 发芽1周后就能长出幼小的主叶。起初还比较圆润的边缘开始变得高低不平。

03 待艾菊的主叶长到一定程度则需要将其暂时移植到小盆中。主叶变得更多则需要分盆到更大的花盆中。

04 艾菊下方出现了黄色的叶子。只有将黄色叶子摘掉才能保证良好的通风，还能保持卫生清洁。

05 在主叶的中间部分会一直长出新叶。根部也能长出新权，可以将这些新权掰下来繁殖。

06 夏季至秋季会开出黄色如纽扣般的花朵，花期很长。

Part 3

香草的活用

大部分香草都是多年生的，因此除了寒冷的冬季之外都是可以一直收获的，这是香草优于蔬菜的特点之一。但是收获的同时又对如何保管过多的叶子和花朵感到迷茫吧？大家不要担心！因为有可以长时间保存的方法。

1）冰冻保管

将香草的叶子和花朵干燥之后进行保管的方法，在需要使用新鲜叶子的情况下是不适用的，而且干燥所需的时间很长。

对于那些不喜欢干燥的朋友们来说有一个非常好的方法，同时也能长久保存叶子和花朵，那就是进行冷冻管理。冷冻的话虽然在新鲜度上有所下降，但只要将其放在冷冻室里即可。朗姆将香草的叶子放到拉锁袋中，然后进行冷冻保存，可以用这些冷冻的叶子来制作香草醋洗发水。

制作香草冰

如果想在香草茶中加点冰饮用的话，可以在冻冰的时候加入一些可食用的香草花或者小的可食用的香草叶子。这样不仅可以长期保存，而且冰块的形状也非常漂亮，非常适用于招待客人。朗姆一般都是用小薄荷叶和琉璃苣花来制作香草冰。

不仅可以制作香草冰，将捣碎的香草叶放到冷冻盒中冻或加入到橄榄油中即可制成"橄榄糊"，还可以应用到很多的料理中。

TIP

如果想制作透明、干净，可以看到里面的香草冰的话可以用煮开之后又凉了的水来冻。

2）干燥保管

在干燥香草的时候，如果使用电风扇、吹风机、除湿器、干燥器、微波炉、空调、干燥架等工具的话，可以加快干燥的速度。大家之所以都选择自然干燥的方法，是因为家里没人的时候不能一直都将这些机器打开。虽然用微波炉可以很快完成干燥过程，但这种方法破坏了香草原有的有效成分，因此并不推荐用来干燥可以制香草茶和可以用来入菜的香草。

① 展开干燥

将香草叶子或花朵展开放到带孔的柳条盘或篮子中进行干燥的方法。干燥的时候最好将其放在阴凉处，而且通风还要好。一定要使用带孔柳条盘的理由是，当通风不好的时候会生出真菌。朗姆上班的时候使用自然风干燥，在家的时候用台灯的灯光来照。

② 悬挂干燥

收获香草叶子的时候，用橡皮筋或绳子将它们吊起来进行干燥的方法。朗姆平时生活中用不到篮子，因此经常会使用这种方法进行干燥。悬挂干燥的时候也需要将其放在阴凉处，还要保证通风。

TIP

如果大家担心在干燥过程中，由于疏忽会导致变潮的话，可以一起加入一些市面上销售的"硅胶（用来制作紫菜包装纸的一种除湿剂）"。

制作香草香包

干香草叶最简单的活用方法就是将其制成香草香包。将香草叶装入香包或袋子中即可完成！因为不需要食用，因此可以放入微波炉转上几分钟即可完成干燥。放到橱柜或衣柜中可以起到防虫、芳香、除臭的作用，而且挂在墙上还能起到装饰的作用。只有这些吗？放到枕头中的话，香草香有助于睡眠，如果能放一些有助于睡眠的香草效果会更好。加入像蒿属之类的香草，还能起到驱蚊的效果。虽然也可以购买现成的香包，但如果能买一些网纱、蕾丝布，或用旧衣服来制作的话会更有意义。

1）金枪鱼紫菜包饭

平时去野外玩儿的时候很少带食物的朗姆偶尔也会带的正是紫菜包饭。而且朗姆很喜欢将奶酪、金枪鱼和苏子叶放入包饭中。大家可以尝试用旱金莲或琉璃苣的叶子来代替芝麻叶，香气和味道方面没什么负担，很适合来做包饭。包饭的材料可以根据自己的口味进行替换。

金枪鱼紫菜包饭材料（10根的标准） （市场上有销售制作紫菜包饭专用的材料）
——基本材料：紫菜10张，鸡蛋4个，火腿肠，腌黄萝卜，蟹棒，芝麻叶20片，蛋黄酱3～4大勺，金枪鱼罐头2盒，腌牛蒡，切成两半的奶酪（10张）。
——饭调料：饭5～6碗，芝麻少许，香油少许，盐少许，炒芝麻少许。

01 用平底锅将鸡蛋煎熟后切成长条状，腌黄萝卜和腌牛蒡用水稍微焯一下后切成长条。蟹棒和火腿肠也需要切成长条。

02 加入香油和盐的同时需要尝一下咸淡，再加入芝麻进行搅拌，还有的朋友喜欢放一些醋。将金枪鱼的油脂去掉后与蛋黄酱混合在一起。

03 用铲子将饭平摊到紫菜的上面，然后将已经准备好用来做饭包的材料放在饭的上面。最上面再放2张芝麻叶，芝麻叶的上面放上混有蛋黄酱的金枪鱼。

04 先用芝麻叶将金枪鱼包起来，然后再用紫菜将饭包裹好，最后切成自己想要的大小即可完成制作。

TIP
在切紫菜包饭的时候，要尽可能快地切才能保证不漏。最好在刀上蘸一些水或者油。

2）拌胡荽

朗姆曾经一度非常不喜欢胡荽，因此总是问以前公司的姐姐"你知道怎么吃胡荽吗？"。如果她知道怎么吃的话我就打算把胡荽的小苗送给她。结果她非常开心地说她非常喜欢胡荽，而且她妈妈之前拌的胡荽非常好吃，由于很好奇拌胡荽究竟有多好吃才能让姐姐如此喜爱，朗姆也尝试拌了一下。

拌胡荽材料（2～3人份的标准）

——基本材料：胡荽，腌汁。

——辅料：茼蒿，水芥菜。

——腌汁材料：香油少许，大蒜少许，芝麻盐少许，酱油、辣椒面的比例是2:1。

01 将需要用到的胡荽、香草或者蔬菜洗干净。朗姆想用茼蒿和水芥菜拌。

02 将腌汁材料混合在一起制成腌汁。朗姆用了3勺的酱油，可以根据自己的口味加入一些醋和糖。

03 将胡荽、香草蔬菜与腌汁一起搅拌即可完成制作。

TIP

用拌胡荽的腌汁还可以做出很多的拌菜，可以用来拌生菜、菊苣，还可以只用来拌茼蒿，还可以适当调节腌汁中各材料的比例。

3）芝麻菜面包比萨

一提到"芝麻菜"大家首先能想到的应该是比萨吧。刚开始的时候觉得做比萨很难，因此只将它加入到了意大利面中，现在很想做一下芝麻菜比萨，因此我问妹妹："难道没有简单的方法可以制作芝麻菜比萨吗？"，妹妹让我用面包试试。由于是面包比萨，开始还很怀疑它的味道，结果一尝，天哪，怎么会这么好吃！之后就经常想吃了。

芝麻菜面包比萨材料（1个的标准）：（多放些材料会更好吃）
——面包1个，比萨用沙司或意大利面专用沙司，莫扎瑞拉奶酪，火腿肠，洋香菇，玉米粒，洋葱半个，甜椒1/3个，荷兰芹粉或香草粉，芝麻菜叶子。

01 将洗干净的材料切成适合放在面包上的大小。

02 在面包上抹上一层比萨用沙司后铺上一层切好的洋葱，然后在上面铺上切碎的火腿肠、洋香菇、玉米粒和甜椒。

03 甜椒上方再挤上多多的奶酪。奶酪上方再撒上荷兰芹，也可以撒上其他的香草粉末。

04 用烤箱、微波炉或平底锅加热，奶酪会融化。之后再在上方铺上合适大小的芝麻菜即可完成制作。

TIP

朗姆用的是烤面包片的迷你烤箱稍微烤制了一下，很简单就能完成制作。材料可以根据个人的喜好进行添加或删减，材料不同味道也会有所不同。不用面包，而用专门用来制作比萨的面可以制成一般的比萨饼。

4）琉璃苣三明治

正在为这种可以散发出黄瓜清香的琉璃苣加入到什么料理中而苦恼的时候，在一本名为《杰西卡的香草》的书中看到了这样的语句："将琉璃苣叶片勇敢地加入到三明治中吧"。既然已经说让加了，我当然就不能无动于衷了。结果我亲自实践了一次。如果没有琉璃苣叶片，也可以加入旱金莲、芝麻菜、芥菜等香草的叶子。

琉璃苣三明治材料（1个的标准）

——三明治材料：面包2张，琉璃苣小叶3片（大叶1片），人造黄油或黄油，切成薄片的西红柿1片，卷心菜叶1~2片，切成薄片的火腿3片，奶酪1张。

——三明治沙司：切碎的腌黄瓜2~3大勺，切碎的洋葱2~3大勺，芥子和蛋黄酱的比例是5：1，胡椒少许。

  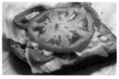 

01 先将三明治沙司的材料混合在一起。也可以不用切碎的腌黄瓜和洋葱，但如果加上的话味道会更好。

02 在面包上涂上一层薄薄的人造黄油或黄油，然后将洗干净的卷心菜和琉璃苣叶子铺到上面。

03 在琉璃苣叶子上面抹上之前准备好的沙司，去掉上面的水汽后铺上切成薄片的西红柿。

04 西红柿上方再铺上切成薄片的火腿，然后在另一片没有抹黄油或人造黄油的面包上铺上卷心菜和奶酪。将两片面包合在一起即可完成制作。

> **TIP**
>
> 在面包上抹上人造黄油或黄油的原因是为了阻止材料中的水分深入到面包中，使面包受潮。使用嫩琉璃苣叶味道会更好。用别的材料制作三明治即可享受到不同口味的美食。

5）茼蒿细香葱饼

其实原本想做藿香饼的，一直在等藿香成熟。当时想做一款与平时总吃的泡菜饼、葱饼颜色有所不同的饼，但是由于没法等到藿香成熟，所以就用茼蒿细香葱饼代替了。用藿香、生菜、艾草、葱、韭菜等来代替茼蒿就可制成其他种类的饼。

茼蒿细香葱饼材料

——饼材料：茼蒿，细香葱，煎饼粉，红辣椒，青辣椒，盐，食用油。

——腌汁材料：酱油1~2大勺，香油少许，芝麻少许，细香葱少许，白糖少许。

01 在煎饼粉中加入适量的水搅拌，使之呈黏稠状。如果想带咸淡味可以加入少许盐，也可以加入鸡蛋，也可以用加入鸡蛋的面粉来代替煎饼粉。

02 将洗干净切碎的茼蒿和细香葱混入到煎饼面饼中。

03 在抹油的平底锅中放入所需材料，然后再放入适当大小的面饼，面饼上方放上红辣椒和青辣椒，反复翻转使之熟透。

04 做好可用饼蘸着吃的腌汁。此时可以根据自己的喜好加入少许辣椒面。

6）香草花拌饭

朗姆家的窗台上每到春天就会开满艳丽的旱金莲，鲜艳的颜色非常吸引眼球。只是这样吗？我还采下了可以食用的旱金莲叶片和花朵放到了拌饭中。旱金莲是能够愉悦眼睛和嘴巴的香草，不仅可以放旱金莲的花朵，也可以放其他可食用香草的花朵。这样就制成了既美观又好吃的旱金莲香草花拌饭。

香草花拌饭材料

——拌饭材料：食用香草花，幼苗蔬菜，小蔬菜，鸡蛋，紫菜末，炒芝麻。

——辣椒酱调料：辣椒酱1～2大勺，香油1/2大勺，蒜泥少许，白糖少许，炒芝麻。

01 将饭盛到大碗中。如果想让它美观点的话可以先将饭盛到一个碗里，然后再慢慢倒到大碗中。这样就能使之呈现出圆形。

02 剪掉收获的香草花的花蕊。如果不剪掉的话有可能引起一些人过敏。

03 在饭的上方放上洗干净的小蔬菜和幼苗蔬菜，然后再在上方放上香草花和鸡蛋饼，之后再撒上炒芝麻和紫菜末即可完成制作。吃的时候可以蘸点辣椒酱。

> **TIP**
>
> 朗姆在这里为了展现香草花拌饭可爱的一面，特意放了小蔬菜和幼苗蔬菜，其实用豆芽、小萝卜泡菜以及各种蔬菜来代替都可以。加入少量的苹果薄荷、柠檬香薄荷等香草味道会更好。

7) 香草花沙拉

朗姆在家经常用收获的香草花来做拌饭，但是经常吃也会感到厌烦。因此想了想其他的料理，结果就制作了这款香草花沙拉。准备好香草花和各种沙拉用蔬菜、沙拉用调味汁即可轻松完成沙拉的制作。朗姆用雪维菜代替了装饰用的荷兰芹，还真挺合适。

香草花沙拉材料

——沙拉材料：香草花，各种沙拉用蔬菜，雪维菜，小番茄，番茄。

——柠檬调味汁：1个柠檬制成的汁，橄榄油，白糖，盐，胡椒（也可以加入一些蒜泥或者蒜末、香料粉等）。

——土豆沙拉：土豆泥，切碎的胡萝卜，蛋黄酱，盐少许，胡椒少许。

01 在盘子中铺上旱金莲的叶子，上面放上拌好的土豆沙拉。可以根据自己的喜好对材料进行删减，或者加上煮熟的鸡蛋。蛋黄酱的量可以根据自己的口味来添加。

02 在土豆沙拉的旁边可以放上一些雪维菜、小番茄、沙拉用蔬菜，以求美观。我在土豆沙拉上撒上了蛋黄，不过省略这步也可以。

03 在上方放上香草花。我放的是琉璃苣花和矢车菊。

04 在沙拉上方撒上符合自己口味的亲手制作的调味汁或买来的调味汁。我在调味汁中加入了琉璃苣花和雪维菜的叶子。

TIP

朗姆使用了含有柠檬汁的调味汁。由于其中加入了琉璃苣花，因此遇到柠檬发生了反应，变成了粉红色。

8）香草法式土司

刚开始养香草的时候都会非常迫切地想用到它。在为做什么而苦恼的过程中经常会做的一道料理就是"香草法式土司"。将各种可以食用的香草叶子切碎后混入鸡蛋中即可诞生各种颜色的香草法式土司。本来法式土司是用掺了牛奶的鸡蛋来制作的，但只加鸡蛋味道也非常好。

香草法式土司材料

——各种香草，鸡蛋，盐，面包，食用油。

   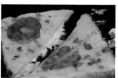

01 准备好洗干净的香草叶。朗姆准备了荷兰芹、琉璃苣、芝麻菜、旱金莲、苹果薄荷的叶子。

02 将鸡蛋搅拌好，加入盐调味，然后加入切碎的新鲜香草叶或干香草叶。朗姆加入的是切碎的苹果薄荷和荷兰芹叶子。

03 将剪成三角形的面包抹上鸡蛋水。根据抹鸡蛋水方法的不同有所差异，如果整片面包分成两半抹的话大约会用掉三分之二的鸡蛋。

04 将抹有鸡蛋水的面包放到抹油的平底锅中，在上面铺上稍微大一点的香草叶，煎熟即可，注意不要糊底。朗姆使用的是芝麻菜、旱金莲、琉璃苣的叶子。

TIP

可以根据自己的喜好在法式土司中加入白糖或各种糖浆。如果想更简单点的话可以在黄油中混入一些切碎的香草叶，然后抹到面包上吃。

9）香草泡菜

大家都知道泡菜中是一定要加入香草的吗？月桂树叶子和胡椒子就是香草。只有这些吗？作为泡菜材料进行销售的腌制香料中就含有各种香草的种子。朗姆一般都不买腌制香料，而是用自己养的香草来制作腌料。

香草泡菜材料

——黄瓜，红辣椒，各种香草，月桂树叶子2～3片，胡椒子20～30粒，白糖（或者低聚糖、糖稀），醋，水。

 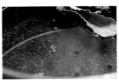  

01 将需要用来腌制的香草洗干净。朗姆准备了干牛至叶、新鲜茴香叶、可以用来代替胡椒的香薄荷。

02 在小锅中按照1:1:2的比例加入醋、白糖、水，然后再加入月桂树的叶子和胡椒子蒸煮。朗姆还加入了干牛至叶。

03 想着泡菜的模样将切好的黄瓜放入消过毒的玻璃瓶中。

04 待醋水沸腾后加入到装有黄瓜的玻璃瓶中，然后再放入香草叶和红辣椒，让它看起来更为美观。在常温放置2～3天后放入冰箱，想吃的时候取出食用即可。

TIP

在这里虽然使用了黄瓜，但其实还可以用甜椒、胡萝卜、秋葵、洋葱、洋白菜等来制作。红辣椒是为了提高色彩才放的。与泡菜比较搭调的香草有胡椒子、月桂树、茴香和小茴香、牛至、薄荷、大蒜、柠檬香薄荷、细香葱、胡荽、龙蒿等。

10) 香草花饼

提到花饼最先想到的应该是金达莱花饼。朗姆当然也用自己种植的香草花制作了花饼。与将整朵金达莱都贴到上面的金达莱花饼相比，虽然很难维持花朵的形状，但是制作完成之后还是会为那美丽的模样而感到欣慰。准备一些果酱或蜂蜜蘸着吃味道会更美。

香草花饼材料
——各种食用香草花，雪维菜叶，糯米粉，盐，食用油。

01 在糯米粉中加入少许盐，然后用热水糅和。拉起一块不会发生断裂就说明面饼揉好了。

02 撕下适当大小的面饼，揉成厚度约为3厘米左右的圆饼。

03 将雪维菜叶和香草花洗净后去除花蕊。朗姆准备了矢车菊花、迷你三色堇、琉璃苣花。如果没有雪维菜也可以不加。

04 在面饼上小心放上花朵和雪维菜叶子，煎熟即可。

225

11）海鲜番茄意大利面

最常被人种植的香草当属罗勒啦！收获完罗勒之后请不要犹豫，直接加入到番茄酱意大利面中食用。罗勒与番茄非常相配，因此也非常适合放在含有番茄酱的意大利面中。在这里虽然只做了加入海鲜的番茄意大利面，但实际上还可以用火腿、熏肉、甜椒、蘑菇等材料制成不同口味的意大利面。

海鲜番茄意大利面材料
——意大利面1人份，橄榄油，番茄酱1罐，鱿鱼，虾，放在盐水中去除淤泥的蛤仔或干蛤，罗勒叶，干牛至叶，洋葱瓣，大蒜2～3瓣，盐，料酒。

  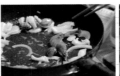 

01 将意大利面放入加了少许盐的水中煮7～9分钟。

02 将材料都洗干净，然后将大蒜、洋葱、鱿鱼切成适当大小。

03 在平底锅上抹上橄榄油，将大蒜和海鲜放在里面炒。为了去除海鲜的腥味可以放入一些料酒。

04 放入番茄酱和切碎的罗勒叶、干牛至叶、意大利面后烹炒即可完成制作。此时加入一点煮意大利面的水会更好。

TIP

也可以用烧酒来代替料酒，因为在炒制的过程中酒精成分会蒸发掉，无需担心。没有牛至叶的话也可以不放，海鲜放得越多则味道越好。

226

12）牛至香蒜酱意大利面

如果您想做可以放很多罗勒的料理，那么就尝试一下罗勒香蒜酱意大利面吧。做出来的罗勒香蒜酱不仅可以放到意大利面中，还可以抹在面包上吃。将捣碎的罗勒叶混入橄榄油中冻成罗勒糊，以后想做意大利面的时候可以直接拿出来用。朗姆虽然只加入了罗勒香蒜酱来做的意大利面，但实际上将大蒜、蘑菇、海鲜一起炒味道会更好。

罗勒香蒜酱意大利面材料

——意大利面材料：罗勒香蒜酱3～4大勺，意大利面1人份，盐。

——罗勒香蒜酱材料：新鲜罗勒2把，帕玛森奶酪20～30克，炒松子1～2把，大蒜1个，盐少许，橄榄油半杯。

01 将意大利面放入混有盐的水中煮7～9分钟。

02 准备好罗勒香蒜酱。如果是自己亲自制作的话可以将所有的材料放入臼中舂，或者用搅拌机搅。

03 将罗勒香蒜酱和意大利面放入平底锅中炒熟即可。

TIP

在制作罗勒香蒜酱意大利面的时候，不在平底锅中抹橄榄油的原因是罗勒香蒜酱中含有橄榄油的缘故。夏季的时候不用炒，直接混入其中食用会更清爽。

13) 香草醋&油

朗姆比较喜欢使用天然的洗发水，但是如果连洗发水都需要买纯天然的会非常贵。因此我一般都会用加入了香草醋的水来洗头。可以用来代替洗发水，对毛发比较好的香草有柠檬香薄荷、迷迭香、蒿草、薄荷油等，可以用来制作放在料理中食用醋的香草有罗勒、迷迭香、牛至、细香葱、百里香等。

香草醋材料

——各种香草，食醋。

香草油材料

——各种香草，橄榄油（香油、葡萄籽油等也可以）。

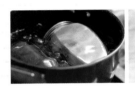  

01 将要放入香草醋和香草油的瓶子用热水消毒。热瓶子加入冷水的话会炸掉，因此一定要小心。

02 在瓶子中装上新鲜香草或干香草。朗姆装的是冷冻保管的香草。

03 再往瓶中倒上醋或橄榄油，然后盖上盖子发酵。3～4周后取出里面的香草就可以使用了。香草继续放在里面会变质的。

04 如果加入贯叶连翘花、紫苏、紫罗兰等香草就可以制成图示中红色的香草醋和香草油了。

TIP

如果盖子是金属的会与食醋中的酸发生反应导致生锈。可以在盖子上套一层塑料袋或用布代替盖子盖在上面。用类似的方法还可以制作料酒，在装烧酒的瓶子中放入香草叶、酸梅汁、低聚糖1～2大勺，发酵1个星期以上就可使用。在泡酒和红酒中加入香草叶可以制成香草酒。

14）香草盐

大家都知道市面上销售的香草盐都含有大量化学添加剂的事情吗？只含纯香草的香草盐非常的昂贵。如果种植香草的话，就可以用低廉的费用轻松制成纯天然的香草盐。香草盐根据配料的不同，味道和香气也会有所区别。可以在海盐中只加入干燥的香草，也可以加入胡椒、大蒜等原料一起来制作。

香草盐材料

——干净的海盐，各种干香草。

01 在平底锅中放入海盐和各种干香草，用小火稍微炒一下。朗姆所使用的香草是胡椒、牛至和罗勒。

02 将炒好的海盐和香草放到臼里春碎或者用搅拌机搅拌。

03 干香草和盐春好了。含有一些小颗粒会比春得很细更有感觉。

> **TIP**
>
> 如果想将香草盐当成美容盐来使用，可以加入有利于美容的熏衣草、迷迭香、薄荷油等炒熟。香草盐有助于祛除皮肤角质、促进血液循环。

229

230

1）泡香草茶的方法都有哪些

市面上有很多种香草茶的茶包销售，可以使我们享受到香草茶的美味。但是如果想在家用自己种植的香草来泡茶的话则需要使用不同的工具。虽然感觉有点麻烦，但炮制的方法却很简单。通常都会使用干香草花或干香草叶来泡茶，但也可以使用新鲜的香草花和香草叶，只是需要加入比干叶更多的量。

① 直接用热水炮制

如果是泡香草茶或者用稍微大一些的香草叶来泡茶，不使用特别的工具也能泡好。大叶子可以漂浮在上面，使用工具来泡花茶的话反而会欣赏不到美丽的花朵。开始还很干燥的花朵遇到热水之后会慢慢盛开，光是想想都觉得开心。

② 用茶壶炮制

将香草叶或花朵放在类似于酒壶的茶壶中冲泡，然后使用另外的杯子来品尝的方法。透明的茶壶可以给人一种非常清爽的感觉，而且还能欣赏到香草茶的颜色，不透明的茶壶设计优雅美观。茶壶可以泡出比一般的杯子要多很多的茶水来，因此可以很多人一起喝。

③ 用茶网或带网的杯子炮制

在泡茶的杯子上方放上茶网进行炮制的方法。这种茶网也被称为"滤茶器"。朗姆使用的是杯子中自带茶网的饮茶专用杯。

④ 用茶叶过滤器炮制

朗姆一般都会用不锈钢茶叶过滤器来泡茶喝。将香草叶放到茶叶过滤器中，盖上盖子，不要让叶子漏出来，然后加入水进行炮制，感觉与茶包很像。茶叶过滤器比茶网要小，而且设计也是多种多样，与茶包不同的是它属于半永久性东西。

⑤ 使用打包盒或茶包炮制

使用自己种植的香草来泡茶，每次都需要洗刷工具，觉得这样麻烦的朋友可以购入茶包来使用。打包盒是做肉汤的时候使用的一次性器具，事先在其中放入香草叶，多准备几个即可随时品尝到香草茶了。

2）通过香气来享受香草茶

提到"香草"，最先想到应该是它那馨香的气味。根据不同种类会有不同的香气和效能，大家可以选择适合自己的香草茶来享受。

① 可以散发出柠檬香的香草茶：可以毫无负担地享受其香气的香草茶。香草中有很多含有柠檬香的品种，如柠檬香薄荷、柠檬马鞭草、柠檬草等。

② 有利于治疗感冒的香草：感冒早期可以尝试饮用一些有利于治疗感冒的香草茶。如迷迭香、百里香、蒿草、鼠尾草等。

③ 有助于消化的香草茶：我们都有吃不进去东西，感觉很胀的时候吧？香草中有很多品种是具有有助于消化的功效的。柠檬草、百里香、蒲公英、薄荷树、茴香和小茴香等都具有此功效。

④ 可用于漱口的香草茶：提到牙膏大家马上就会联想到薄荷吧？饮用薄荷类香草或茴香可以有助于清新口气。

何谓香草茶DIY？

根据自己的口味将各种香草混合在一起泡茶就是"DIY"。由于其中含有多种香草叶，因此可以成为具有多种效能的香草茶。如果您是第一次DIY，可以使用香气类似的香草。在苦涩的香草茶中加入一些具有甜味的香草即可享受到甜蜜的香草茶了。

TIP

香草不仅可以放到水里冲泡，还可以加入到牛奶、果汁、啤酒、烧酒等中，这样就能享受到多样的饮料了。

① 香草汁：将白糖与香草泡出来的水以1:1的比例放到中火上煮，然后混入凉水即可饮用的香草汁。香草的种类和量可以根据自己的口味来准备。不仅可以当做饮料饮用，还可以加入到料理中。

② 苹果薄荷莫吉托：用切碎的苹果薄荷、1个酸橙制成的汁、碳酸水或汽水、白糖1~2勺即可轻松制成的清爽的饮料。如果您喜欢酒精则可以加一些RUM酒，也可以根据自己的喜好用其他的香草代替。

3）享受有利于身体的甜味香草茶——甘露茶

去过蒲公英领土咖啡馆的朋友们一定尝试过"蒲公英领土茶"，也一定会有很多朋友对于它其中究竟含有什么成分而感到好奇。其实蒲公英领土茶是用山菊的叶子制成的甘露茶。如果是初次品尝甘露茶的朋友一定会为它那神奇的味道而惊叹的："山菊竟然能发出如此的甜味！"

香草中虽然有像甜叶菊等几种具有甜味的种类，但却没有明确是否对身体有害。而山菊中含有乳品、皂甙、锗等成分，是种对身体十分有利的香草。因此是想降低血糖的糖尿病患者非常喜欢的食品。此外，它还对便秘、消化不良、减肥、慢性疲劳、皮肤美容等方面具有良好的效果。而且它不含咖啡因和单宁酸，因此对于不喜欢咖啡因的朗姆来说是种非常喜欢饮用的香草茶。

我想一定会有想用自己亲手种的山菊来制成茶的朋友吧？新鲜的山菊叶子是不会散发出甜味的，干枯的叶子在干燥过程中会分解出甜味，因此一定要先对其进行干燥。如果您想品尝到非常甜美的甘露茶，则需要经过蒸煮烘炒的过程。

TIP

叶子放得过多甜味会非常浓郁，不利于饮用。1~2片就能散发出浓郁的甜味。由于它的叶子很大，因此不使用泡茶用的工具也能炮制出甜美的香草茶。

4）还有能散发出柠檬香的香草茶——柠檬茶树茶

我是在济州香草东山第一次看到的柠檬茶树茶。虽然知道有柠檬茶树，但却从没看到过有作为茶来出售的，因此觉得还是济州岛最好了。干柠檬茶树的叶子与一般茶树的叶子相似，还能散发出阵阵柠檬香。

柠檬茶树与柠檬草、蒿属一样具有蚊子讨厌的香气，饮用的话可以提高免疫力，还能排出体内的毒素。此外，它还在防止皮肤老化方面有奇效，因此也十分适合女性朋友饮用。

那么让我们一起了解一下关于茶树的事情吧？从茶树这个名称上我们就可以体会到它一定是非常成熟的香草。由于它对于敏感性皮肤、特异皮肤问题有很好的效果，因此是广为人知的香草。茶树还具有杀菌、消毒、解毒等效果，因此可以用来制作治疗各种炎症的药物。

具有很多皮肤问题的朗姆使用过很多含有茶树油的产品，已经对茶树这种浓郁清爽的味道非常熟悉了。因此就希望一定要养茶树，但可惜的是插枝并不成功，而且卖的地方也不多。

TIP
在炮制过程中，茶的颜色不会发生太大的变化。也可以用来美容。

5）在高级中餐馆可以品尝到的香草茶——茉莉茶和茉莉花茶

（1）茉莉茶

朗姆是在中餐馆第一次品尝到茉莉茶的，不得不被它的香气和味道所迷倒。它的香气非常淡雅，与茉莉这个优雅的名字很相配。朗姆由于无法忘记茉莉茶的味道而买回了茶包，但不知为什么涩味非常浓。难道是因为茶包的原因吗，后来收到了茉莉茶而不是茉莉茶包，尝了一下也是会散发出一点涩涩的味道。了解以后才知道，大部分的茉莉茶并不是用花直接泡茶喝，而是在绿茶叶中混入茉莉的清香而制成的，因此会散发出绿茶的味道，干燥成卷曲形状的茉莉茶也被称为"珍珠茶"或"珍珠茉莉茶"，在绿茶叶中混入茉莉香的茉莉茶在疲劳恢复、皮肤美容、抑制老化、抗癌等方面都有很好的效果。

（2）茉莉花茶

一定有朋友想知道是否有用纯茉莉花来制成的茉莉花茶吧？虽然不是很多见，但也有销售茉莉花茶的地方。朗姆在香草农场看到过茉莉花茶，它没有涩味，而且与一般茉莉茶的味道也不同。

如果您在周边无法找到香草茶的话，不妨试试用可以在阳台上种植的圆叶茉莉来制作如何呢？当开出白色茉莉花的时候即可收获炮制成茶。市面上虽然有很多品种的茉莉在进行销售，但却并不是都能用来泡茶，因为其中有含有毒素的品种，因此一定要小心。如果您想买来泡茶的话，一定要确认好是否是圆叶茉莉。茉莉在缓解痛经、解除忧郁症、皮肤美容等方面都有很好的效果，而且还具有除油效果，因此在食用了比较油腻的中国菜之后可以喝点茉莉茶来解腻。

6）用绿色花朵制成的充满魔幻色彩的香草茶——露葵花茶

香草茶中也有可以呈现出独特色彩的露葵花茶！朗姆也希望能欣赏到具有独特色彩的露葵花茶而特别想购买，但却找不到销售的地方。因此只能将普通露葵的花朵干燥后使用了。由于在市面上很难买得到，因此会让人更加珍惜。

深粉色的普通露葵花干燥后会变成绿色。泡成茶之后也是会呈现出独特的绿色。因此将普通干路葵花称为"蓝露葵"。可惜的是，在花茶中它并不属于能散发出浓郁香味的品种，因此与香甜叶菊这种没有什么颜色的香草一起DIY会比较好。如果与木槿花茶这种可以泡出深色茶水的香草一起DIY的话，就无法看到露葵花的颜色了。露葵花茶对于呼吸器官或消化器官以及神经系统有着很好的效果，尤其是对哮喘、感冒非常好，因此强烈推荐给那些呼吸器官比较弱的朋友们饮用。

TIP

在泡露葵花茶的时候，花茶的颜色会慢慢变成蓝色，然后再变成透明。此时如果加入柠檬汁的话，会与柠檬汁中的酸发生反应而变成漂亮的粉红色，而且由于有柠檬汁的加入，味道会变得很清爽。

7) 享受用来装饰秋天的黄色花朵的香气——菊花茶

　　秋天一到，会很容易看到开着黄色花朵的菊花。朗姆在济州岛老家的花坛里也种满了菊花，每年都能看到它们美丽的脸庞。在韩国经常会看到的菊花是在秋季能开出美丽花朵来装点街道，冬季凋谢，春季再从根部发出新枝的多年生香草。虽然它总是生蚜虫令人很头疼，但却并不难种植。通常都会用像甘菊、山菊这种小花来做成茶喝，菊花茶对于头痛、咳嗽、神经痛、眼部疲劳等有很好的效果，对于很容易出现眼疲劳的朗姆来说是非常喜欢的一种香草茶。

8）不能被落下的有名香草花茶——甘菊茶

香草茶中最有名的当属甘菊茶。将干甘菊花放到热水里之后会呈现出甘菊花的样子，非常愉悦人的眼球。它还含有清爽的苹果香，因此不喜欢太重味道的香草茶的朋友一定会喜欢它的。朗姆还品尝过含有香子兰、蜂蜜的甘菊茶茶包，也非常符合朗姆的口味。甘菊茶对于风湿、感冒、消化不良、糖尿病、失眠、痛经、压力大等方面都有很好的效果。最重要的是它的发芽率很高，而且生长速度快，对于刚开始种植香草的朋友们来说也是不难的。

9）用花茶来解决消化不良——梅花茶

市面上作为饮料出售的酸梅茶有助于消化，这个大家都知道吧？朗姆非常喜欢酸梅茶那香甜清爽的味道。因此曾经在很长一段时间里，一直在喝酸梅茶。但您知道吗？春天一到，比樱花还会早开的梅花也可以用来泡茶喝。它与酸梅茶一样，对于消化不良、感冒、皮肤美容等方面都有很好的效果。

朗姆是通过博友们的分享而作为礼物得到的梅花。起初由于花瓣都蜷缩到一起而无法欣赏到花朵的模样，但是倒入热水之后，花瓣会打开，它那优雅的姿态就会完整地呈现在人们眼前。

10）享受美丽的红色香草茶——木槿花茶&蔷薇果茶

木槿花茶在喝的时候能散发出清爽的味道！这种茶的特别之处在于它是由木槿花的红色花托制成的。一般销售的木槿花茶大部分都是DIY的，泡的时候能呈现出红色的水果茶大部分都是因为里面有木槿花的成分。如果您想与其他的茶进行DIY，那么最好选择那种不会遮挡住红色的香草。

朗姆喝的木槿花茶是用蔷薇的果实——蔷薇果DIY而来的，蔷薇果在炮制的时候也会呈现出红色。木槿花茶对于月经不调、防止皮肤老化、伤风感冒、退烧等方面有很好的效果，对皮肤很好的蔷薇果茶对于皮肤再生、眼部疲劳、贫血、缓解痛经、关节炎等方面有很好的效果。二者都有助于防止皮肤老化，促进皮肤再生，因此非常适合女性朋友。

241

04 可以用香草来美容的超简单方法

对于从来没有制作过天然化妆品的朋友来说将香草应用到美容上并不是件简单的事情。但是，大家不要担心！因为之前介绍的香草盐、香草醋洗发水是谁都能制作出来的美容方法。

1）用香草叶或花洁面

大家都听说过用绿茶茶包或绿茶渣来洁面对皮肤好吧？香草茶也是一样的。当然了，如果能选用适合自己皮肤的香草叶子或花朵效果会很好。

大家可以这样做：

① 首先在热水中放入有利于美容的香草叶或花，亦或是茶包之类的东西。这是可以使用平时不能用来泡茶的天竺葵等对美容很好的香草的好机会。

② 待用来泡香草的水适当冷却后加入到温水中洁面即可。一定要用冷水冲洗，这样有助于收缩毛孔。

③ 可以将煮香草的水放入冰箱保存，每次洁面的时候如果想使用的话需要先用温水将毛孔打开之后再使用。

④ 香草叶不仅能用来洁面，足浴、半身浴、洗头的时候也可以加入一些，很快会看到效果的。

TIP

如果不将香草叶或花放到热水中煮，而是放到温水或冷水中的话，它所含有的好成分就不能完全释放出来。将不用的香草渣放置到常温中会生真菌，因此需要马上使用，或者放到冰箱中保存。

2）香草蒸汽洁面

对美容很有兴趣的朋友一定听说过艺人孙艺珍所介绍的蒸汽洁面法。蒸汽洁面也可以称为空间蒸汽，即向面部喷射热热的水蒸气来打开毛孔，去除被称为角质的皮肤废物。进行蒸汽洁面的时候，在热水中加入一些香草叶或花怎么样呢？香草的美容功效应该会更加淋漓尽致地发挥出来吧。

大家可以这样做：

① 首先在洗漱台上准备好可以散发出水蒸气的热水，并在其中加入有利于美容的香草叶或花，亦或是茶包。用煮香草的水也可以。

② 为防止水蒸气外泄，将折好的毛巾铺在脸上，让水蒸气在脸上1～5分钟。

③ 最后为了使张开的毛孔关闭，需要用凉水或冰水冲洗。用冰镇的毛巾敷脸也可以。

④ 如果觉得这个步骤比较繁琐，可以将毛巾放到微波炉中转一下，或者在热香草水中沾一下再敷脸也会发挥出相同的效果。

243

天竺葵

初学者可以很容易种植的香草Best 5

Best 1：天竺葵

对于刚开始接触香草的朋友来说，朗姆优先推荐的香草品种就是"天竺葵"。夏季即使没有充足的光照，在窗台上也能很好地生长。它甚至不会发生病虫害，而且也很容易插枝。

Best 2：鼠尾草

鼠尾草种类也和天竺葵一样不易发生病虫害，而且在室内也能轻松种植。它喜旱，因此不需要总浇水。由于它能开出深色的、艳丽的花朵，因此作为观赏用花也很受欢迎。

鼠尾草

Best 3：叶菜香草

香草种类中含有很多如细香葱、茼蒿、荷兰芹、菊苣等"叶菜"类的品种。叶菜香草的成长速度快，很快就能收获，只要注意病虫害和徒长问题，养起来就不难。如果您想在其中选择最容易种植的品种，那么可以试一下细香葱和菊苣。

Best 4：蒿草

蒿草默默地在朗姆家生长着。它的繁殖能力很强，不易发生病虫害，而且还能开出美丽的花朵，是一种非常特别的香草！它的味道也很好，因此与担心会发生病虫害的薄荷相比，更推荐这款香草。

叶菜香草

Best 5：罗勒属植物

如果是对香草感兴趣的朋友，那么在自己的目录中一定会有罗勒的存在。它是很多朋友都在种植的一款香草。在阳台也能很好地生长，还可以用来制作香草茶、香草盐，此外还能放入到意大利料理中，也许这就是它受欢迎的秘诀所在。

蒿草

罗勒属植物

高手也十分头疼的香草Worst 5

Worst 1: 茶树

茶树

对皮肤问题有很好效果的茶树不仅种植困难，就连树苗很难买到，而且插枝的成功率非常低，繁殖起来很难。它喜阳的同时，又对强烈的光照、高温多湿、寒冷的抵抗能力很弱。即使喜欢光照，也要避免过强的阳光，简直就是香草界最难伺候的女王。因此茶树被选为了最难种植的香草。

当归

Worst 2: 当归

其实由于当归的叶子很大，会很占用空间，很难放在阳台上种植。因此最好种在空地上。而且只有将种子在浸泡的情况下再低温保管，才能保证发芽。

柠檬马鞭草

Worst 3: 柠檬马鞭草

柠檬马鞭草位于最难种植的香草第三位，而且它也是害虫非常喜欢的香草！不知道它为什么这么招虫子，除掉一批又会生一批，枝丫和叶片上到处都是虫子。可能是因为连害虫也被它那甜美的柠檬香所倾倒了吧。

Worst 4: 洛神葵

洛神葵的原产地在热带地区，因此它不耐寒，而且还很容易生蚜虫。另外，它还能长得比人高，这也是它可以炫耀的地方。虽然它生的蚜虫很肉麻，但看到它美丽的花朵就会很快忘掉那些不愉快的。

洛神葵

蔷薇

Worst 5: 蔷薇

蔷薇也是一种因为极易生害虫而出名的香草。因此大家一直在为能研制出可以减少病虫害的改良品种而努力着。另外，它非常喜光，因此更适合放在室外种植。光照不足会马上变得柔弱，进而会生出很多害虫。

　　香草和博客真的是给我带来了很多礼物。独自一人在异乡生活，香草已经成为了我的家人，博客给我带来了很多朋友，而且还圆了我一直以来想要成为作家的梦想。

　　其实在收到出版提案的时候，我还一度为自己是否具有那个实力而苦恼，但是很多朋友都说希望能有一本介绍轻松种植香草的书，而且都希望我能出书，因此我获得了极大的勇气。希望通过我的这本书，能让大家改变那种"香草是易死难养的存在"的想法。

　　准备写书的过程中，感到最困难的一点就是空间严重不足。需要养很多香草才能让书更加丰富，但租的房子怎么会有那么大的空间呢？因此就放弃了此前一直想要养的果实蔬菜和花草，而只养了书中所必需的一些香草。

　　仅仅是这些吗？为了能够包含每种香草的成长过程，我不知付出了多少精力。虽然希望所有的香草都能按时发芽，都能健康地成长，但怎么可能都如愿以偿呢？发芽率不高的香草没有发芽的时候、还有突然凋谢的时候，我会有非常强烈的失落感。如果是生长速度比较快的蔬菜，则会重新种植，但多年生的香草就不能重新种植了。白天需要在公司上班而不能拍照，导致拍照的时间严重不足，周末的时候一整天都在拍照。感觉在家种植的同时所拍的照片非常不足，因此还亲自去了香草农场。在这样如此费力地准备本书的同时，我深切感受到了"写书是一个人孤独的战斗！"别人不能代替你写，也不能代替你拍照。

即便如此，我还是得到了很多朋友的帮助，本书能够顺利出版与他们的帮助是密不可分的。一直给予我鼓励、在我拍照的时候将一直珍视的三脚架借给我的父母，为了拍资料照片而每次都陪我去香草农场的男朋友，当无法在香草农场拍照、而在香草草房帮我拍照的甘露，在制作有关香草料理时为我提供帮助的妹妹……好多人都在背后支持着我。

　　另外，还要对为我提供所需种子和小苗的博友以及"亲手种植美丽的香草"这个空间的朋友们，在撰写原稿的过程中一直信任我、为我加油的秀娜和琳妹妹等博友表示感谢。当然还有许多为我提供了帮助的博友，在这里就不能一一写明了。另外，还要向一直都在支持我的朋友和认识我的人表示感谢。

　　今年对于我来说是特别的一年，我梦想中的第一本书即将出版、而且我还将组建自己幸福的家庭。就像很多博友们说的那样："希望朗姆不要因为出了名而发生变化"。就算是这本书出版了，我也会继续保持谦逊的。而且收到第一笔稿费后，我会为我的父母、爷爷、奶奶送上真诚的礼物，而且还要招待给予我力量的朋友们。在这里与一直关注、支持我的朋友们一起分享出书的喜悦。

希望世界都充满香草香气的朗姆 敬上